U0211879

农具之光

从千耦其耘到个体独耕

王中俊 编著

陕西新华出版传媒集团

未来出版社

图书在版编目（ＣＩＰ）数据

农具之光：从千耦其耘到个体独耕 / 王中俊编著. --西安：未来出版社，2018.5

（中华文化解码）

ISBN 978-7-5417-6611-4

Ⅰ.①农… Ⅱ.①王… Ⅲ.①农具－研究－中国Ⅳ.①S22

中国版本图书馆CIP数据核字(2018)第087618号

农具之光——从千耦其耘到个体独耕

NONGJU ZHI GUANG——CONG QIAN'OUQIYUN DAO GETIDUGENG

选题策划	高 安 马 鑫
责任编辑	董文辉
装帧设计	陕西年代文化传播有限公司
出版发行	陕西新华出版传媒集团 未来出版社
	地址：西安市丰庆路91号 邮编：710082
经 销	全国新华书店
印 刷	陕西金德佳印务有限公司
开 本	880mm×1230mm 1/32
印 张	5.25
版 次	2018年5月第1版
印 次	2018年5月第1次印刷
书 号	ISBN 978-7-5417-6611-4
定 价	18.00元

如有印装质量问题，请与印厂联系调换

总序

　　中华民族的历史源远流长，从刀耕火种之始，物质文化便与精神文化相辅相成，一路扶持，共同缔造了博大精深的中华文化。这不仅使古代的中国成为东亚文明的象征，而且也为人类文明史增添了一大笔宝贵的遗产。在中国的传统文化中，物质文化以其贴近人类生活，丰富多彩和瑰丽璀璨的特点，集艺术与实用为一体，或华丽，或秀雅，或妩媚，或质朴，或灵动，或端庄，而独步于世界文化之林，古往今来备受东西方瞩目。"中华文化解码"丛书以通俗流畅、平实生动的文字，为我们展示了传统文化中一幅幅精美的图画。

　　上古时代，青铜文化在中原地区兴起，历经夏、商、西周和春秋，约1600年。其间生产工具如耒、铲、锄、镰、斧、斤、锛、凿等，兵器如戈、矛、戟、刀、剑、钺、镞等，生活用具如鼎、簋、鬲、簠、盨、敦、壶、盘、匜、爵等，乐器如铙、钟、镈、铎、句鑃、錞于、铃、鼓等，在青铜时代大都已出现了。西周初期，为了维护宗法制度，周公制礼作乐，提倡"尊尊""亲亲"，一些日常生活中所用的器物逐渐演变成体现社会等级身份的"礼器"——或用于祭祀天地祖先，或用于朝觐宴饮，身份不同，待遇不同，等级森严，不得逾越。王公贵族击鼓奏乐、列鼎而食，天子九鼎，诸侯七鼎，卿大夫、士依次递减，身份等级，斑斑可见。鼎、簋、鬲、簠等食器，铙、钟、镈、铎等乐器，演变成为贵族阶级权力的象征。以青铜器为象征符号的礼乐制度，虽然随着青铜文化的衰落而由仪式转向道德，但对中国传统文化的影响却极为深远。

春秋战国时代，由于铁器的兴起并被广泛应用于社会生产和日常生活之中，人们的生活方式发生了巨大的改变。首先，铁农具的使用提高了农业生产力，社会财富日益积累，人们的生活水平得以提高，追求物质享受和精神愉悦的需求，反过来促进了衣食住行生产的发展；其次，手工制造业也因铁器的使用而开始发达，木质生活器具——漆器兴起，并逐渐取代了青铜器成为日常生活中的主要器具。曾经作为礼器的各类器具走下神坛，开始了"世俗化"的生活，品种越来越多，实用性越来越强，反过来促使生活器具愈来愈趋向人性化。在物质与精神的双重追求下，传统社会的物质文化不断向着实用和审美两者兼具的方向发展，成为中华民族传统文化的象征符号。

中国是传统的农业国家，讲起传统文化，不得不首先谈谈耒耜、锄、犁、水车、镰和磨等农业生产工具。人们使用它们创造并改变了自己的生活，同时也在它们身上寄托了丰富的感情。在中国的传统文化里，一直存在着入世与出世的两种精神。或读书入仕，或驰骋疆场，光宗耀祖，修身、齐家、治国、平天下的理想激励着多少古人志存高远。但红尘的喧嚣，仕途的艰险，又使人烦扰不已，于是视荣华为粪土，视红尘为浮云，摆脱尘世的干扰，寻一方乐土，回归淡然恬静，也成为很多人理想的生活方式。耒耜、犁等作为农业生产必不可少的农具，也成为这些人抒发遁世隐居情怀的隐喻。"国家丁口连四海，岂无农夫亲耒耜。先生抱才终大用，宰相未许终不仕。"那座掩映在山间，坐落在溪流之上的磨坊，随着水流而吱吱旋转永无休止的磨盘，则成为古人自我磨砺、永不言败、超脱旷达的象征。

农耕文化"日出而作、日落而息"的慢节奏的悠闲生活，使得我们的祖先有的是时间去研究衣食住行等多方面的内容，从而创造了独特的东方文化精粹。其中，饮食文化是最具吸引力的一个内容。不论是蒸、煮、炝、炒，还是煎、烤、烹、炸，不论是蔬果，还是肉蛋，厨艺高超的烹饪师都有本事将它们做成一道道色、香、味俱全的美味佳肴。这些美味佳肴配上制作精美、造型各异的食器，便组成了一场视觉与味蕾的盛宴。从商周的青铜器，到战国秦汉的漆器，再到唐宋以后的瓷器，传统社会的食器从材质到形制及其制作方法都发生了很大的变化，唯一不变的是对美学艺术和精神世界的追求。从抽象而神秘的纹饰，再到写实而生动的画面，不论是早期的拙朴，还是后期的灵秀，都倾注着中华民族的祖先对生活的热爱与执着。因为饮食在中国传统文化中起着调和人际关系的重要作用，所以中国文化的含蓄与谦恭，尽在宾主之间的举手投足之中，而那一樽樽美酒、一杯杯清茶与精美的器皿则尽显了中国饮食文化的热情与好客。"醉翁之意不在酒，在乎山水之间也"，"兰陵美酒郁金香，玉碗盛来琥珀光"，酒与古代文人骚客"联姻"，成就了多少绝世佳句！

衣裳服饰，既是人类进入文明的标志，也是人类生活的要素之一。它除了具有满足人们遮羞、保暖、装饰自身需求的特点外，还能体现一定时期的文化倾向与社会风尚。我国素有"衣冠王国"的美称，冠服制度相当等级化、礼仪化，起自夏、商，完善于西周初期的礼乐文化，为秦汉以后的历代王朝所继承。然而在漫长的历史发展中，我国的传统服饰，包括公服和常服，却不断地发生着变化。商周时的上衣下裳，战国时的深衣博带和赵武灵王的"胡服骑射"，汉代的宽袍大袖，唐代的沾染胡风与开放华丽，宋明时期的拘谨与严肃，清代的呆板与陈腐，无不与经济、政治、思想、文化、地理、历史以及宗教信仰、生活习俗等密切相关。隋唐时期，社会开放，经济繁荣，文化发达，胡风流行，思想包容，服饰愈益华丽开放，杨玉环的《霓裳羽衣曲》以"慢束罗裙半露胸"的妖娆，惊艳了整个中古时代。

在中国古代服饰发展的过程中，始终体现着社会等级观念的影响，不同社会身份的人，其服装款式、色彩、图案及配饰等，均有着严格的等级定制与穿着要求。服饰早已超越了其自然功能，而成为礼仪文化的集中体现。

对人类而言，住的重要性仅次于衣食。从原始时代的穴居和巢居，到汉唐的高大宏伟的高台建筑，再到明清典雅幽静的园林，中国的居住文化由简单的遮风避雨，逐渐发展到舒适与美观、生活与享受的多种功能，而视觉的舒适与精神的审美则占了很大一部分比重。明代文人李渔在《闲情偶寄》中讲道："盖居室之制贵精不贵丽，贵新奇大雅不贵纤巧烂漫"，"窗栏之制，日新月异，皆从成法中变出"。在他们眼中，房屋的打造本身就应该是艺术化的一种创作，一定要能满足居住者感官的需求，所以要不断推陈出新。在这样的诉求下，中国的传统居住文化集物质舒适与精神享受为一体，一座园林便是一个"天人合一"的微缩景观，山水松竹、花鸟鱼虫等应有尽有，楼、台、亭、阁、桥、榭等掩映其间，错落有致。临窗挥毫，月下抚琴，倚桥观鱼，泛舟采莲，"蓬莱深处恣高眠"，"鸥鸟群嬉，不触不惊；菡萏成列，若将若迎"，好一幅纵情山水、优游自适的画卷！

与传统园林建筑相得益彰的是家具。明清时代的木制家具不仅是中国文化史上精美的一章，也是人类文明史上华丽的一节。幽雅的园林建筑配上典雅精致的木制家具，寂寞的园林便有了生命的存在。木质家具是人类生活中必不可少的器具，它的广泛使用与铁制工具的普及密切相关。从秦汉时期的漆器，到明清时期的高档硬木，古典家具经历了2000多年的发展历程。至明清时代，中国的古典家具便以简洁的线条，精致的榫卯结构，以及雕、镂、嵌、描等多种装饰的手法而闻名于世。因为桌案几、椅凳、箱柜、屏风等的起源都可上溯到周代的礼器，所以尽管长达数千年的发展，木质家具早已摆脱了礼器的束缚，不但形式多样，而且制作精美，但是在它们身上仍然体现了传统文化的影响。功用不同，形制不一，主人的身份不同，家具的装饰与材质也就不同。一张桌子、一把椅子、一张床、一座屏风，不仅仅显示的是主人的身份和社会地位，也是主人品位和风雅的体现。正因为如此，文人士大夫往往根据自己的生活习性和审美心态来影响家具的制作，如文震亨认为方桌"须取极方大古朴，列坐可十数人，以供展玩书画"。几榻"置之斋室，必古雅可爱"。"素简""古朴"和"精致"的审美标准，加上高端的材质、讲究的工艺和精湛的装饰技术，使我国的古典家具成为传统物质文化中的瑰宝。

中国传统文化有俗文化与雅文化之分，被称作翰墨飘香的"文房四宝"——笔、墨、纸、砚，便是雅文化中的精品。这是一种渗透着传统社会文化精髓的集物质元素与精神元素为一体的高雅文化。从传说中的仓颉造字起，笔、墨、纸、砚便与中国文人结下了不解之缘。挥毫抒胸臆，泼墨写人生，在文人士大夫眼中，精美的文房用具不仅是写诗作画的工具，更是他们指点江山、品藻人物、激扬文字、超然物外、引领时代风尚的精神良伴，即"笔砚精良，人生一乐"是也。作为文人的"耕具"，笔具有某种人格的意义，往往作为信物用于赠送。墨等同于文才，"胸无点墨"便是不知诗书。在中外的历史上，没有哪一个民族像中华民族这样，能把文化与书写工具紧密相连，也没有哪一个民族的文人能像中国文人那样，把笔、墨、纸、砚视作自己的生命或密友。在这样的文化氛围中，人们对笔、墨、纸、砚的追求精益求精，它们不再仅仅是书画的工具，更成为一种艺术的精品。可以说，文人士大夫对"文房四宝"的痴迷赋予其深沉含蓄的魅力，而深沉含蓄的"文房四宝"则成就了文人士大夫温文儒雅、挥洒激扬的风姿。"风流文采磨不尽，水墨自与诗争妍。画山何必山中人，田歌自古非知田。"两者水乳交融的结合，形成了中国文化特别是书画艺术无与伦比的意蕴。

说到音乐，则既有所谓"阳春白雪"之类的雅乐，也有所谓"下里巴人"的俗乐，更离不开将音乐演绎成"天籁之声"和"大珠小珠落玉盘"的传统乐器。音乐的产生与人类的文明有着密切的关系，音乐和表现音乐的各种乐器，与文学、书法、绘画等艺术形式一样，既是人类文明的产物，也是文化的重要组成部分。作为精神文明的成果，音乐经历了人神交通、礼仪教化、陶冶情怀和享受娱乐的几个阶段，曲调由神秘诡异、庄重肃穆变得清雅悠扬、活泼轻快起来。传统的乐器也由拙朴的骨笛、土鼓、陶埙等，演变成大型的青铜编钟，进而又演化成琴、筝、箫、笛、二胡、琵琶、鼓等。每一种乐器都演绎着不同的风情，"阅兵金鼓震河渭"播起的是军旅的波澜壮阔；"半台锣鼓半台戏"敲响的是民间的欢乐喜庆；有"天籁之音"之称的洞箫，吹出的是中国哲学的深邃；音色古朴醇厚的埙，传达的是以和为美的政治情怀。在所有的乐器中，最为人所重的是琴。在古代，琴被视为文人雅士之所必备，列于琴、棋、书、画之首，"琴者，情也；琴者，禁也"，它既是陶冶情怀、修身养性的重要工具，又是抒发胸怀、传递情感的媒介。一曲《高山流水》使伯牙、钟子期成为绝世知音，一曲《凤求凰》揭开了司马相如与卓文君爱情的序幕，《平沙落雁》《梅花三弄》等则奏出了骚人墨客的远大抱负、广阔胸襟和高洁不屈的节操。

与雅文化相对应的是俗文化。俗文化产生于民间，虽然没有"阳春白雪"的妩媚与高雅，却有着贴近生活的亲切和自然。那些小物事、小物件，看起来不起眼，却在日常生活中不可或缺。那盏小小的油灯，虽然昏暗，却在黑暗中点燃了希望；上元午夜的灯海，万人空巷，火树银花，宝马雕车，是全民族的节日狂欢。文化必须在流动中才能绽放美丽。那曾经是帝王专用的华盖，虽然因走向民间而缺少了威严，但民间的艺术却赋予它更多的生命意义：以伞传情，成就了白娘子与许仙的传奇；以伞比兴，胜于割袍断义的直白。庆典中的伞热烈奔放，祭典中的伞庄重肃穆，浓烈与质朴表达的都是传统文化的底蕴。原本"瑞草蓲莳叶生风"的扇，只为夏凉而生，在文人墨客手里却变成了风雅，"为爱红芳满砌阶，教人扇上画将来。叶随彩笔参差长，花逐轻风次第开"。

扇与传统书画艺术的结合，使其摇身一变而登堂入室。而秋扇寒凉之悲，长袖舞扇之美，则为扇增添了凄美与惊艳。那把历经沧桑的锁呢？它锁的不是悲凉哀伤，而是积极快乐、向往美好和吉祥如意的心，既关乎爱情，也关乎生活，更关乎人生！

在传统的民俗文化中，有一组主要由女人创造的物质文化载体，那就是纺织、编织、缝纫、刺绣、拼布、贴布绣、剪花、浆染等民间手工艺品。同其他传统物质文化一样，这些民间手工艺品，在中国也传承了数千年的历史，并且一代一代由女性传递下来。这些民间艺术作品秀外慧中，犹如温婉的女子，默默与人相伴，含蓄多情，体贴周到却不张扬。因为是女人的制作，这些民间艺术难登大雅之堂，但离了它，人们的日常生活便缺失了很多色彩。

剪纸起源于战国时期的金箔，本是用于装饰，自从造纸术发明以来，心思灵慧的女人们便用灵巧的双手装点生活，婚丧嫁娶，岁时节日，鸳鸯戏水、十二生肖、福禄寿喜、岁寒三友等，既烘托了气氛，又寄托了情感。男女交往，两情相悦，剪纸也是媒介，"剪彩赠相亲，银钗缀凤真……叶逐金刀出，花随玉指新"。

由结绳记事发展而来的中国结，经由无数灵巧双手的编结，呈现出千变万化的姿态，达到"形"与"意"

的完美融合。喜气洋洋的"一团锦绣"，象征着团结、有序、祥和、统一。

最早的绣品出现在衣服之上，本是贵族身份地位的标志，龙袍凤服便是皇帝和皇后的专款。不过，聪慧的女人把自己的生活融入了刺绣艺术之中，各种布艺都是她们施展绣技的舞台，对生活的期望和祝福也通过具有象征意义的图画款款表达。那或精致小巧、或拙朴粗放的荷包，都寄托了女人们不尽的情怀！中国的四大名绣完全可以当之无愧地登堂入室，成为中华传统文化的瑰宝。

"渔阳鼙鼓"不仅惊醒了唐玄宗开元盛世的繁华梦，也打破了大唐民众宁静的生活。那些从远古狩猎器具发展演变而来的干戈箭羽，曾经是猎人骄傲的象征，如今却变成了杀人的利器，刀光剑影中，血似残阳。在漫长的冷兵器时代，刀枪棍棒、斧钺剑戟，对皇家而言，是权威的象征，威严的仪仗便是象征着皇权之不可撼动；但对个人而言，则是勇士身价的体现，三国时代的关羽以"走马百战场，一剑万人敌"而扬名千年。然而，正如其他器物一样，兵器在传统文化中也被赋予了多样的文化象征意义。"项庄舞剑，意在沛公"，这剑便是杀气，项庄便是剑客；文人弄剑，展现的则是安邦定国、建功立业的豪气。斧钺由兵器一变而为礼器，象征着军权帅印，接受斧钺便意味着被授予兵权，因此斧钺就成为皇权的象征。斧钺的纹饰为皇帝所独享，违者就是僭越。礼乐文明赋予传统文化雍容的气质，也为嗜血的兵器涂上一抹温雅的祥和，那就是"化干戈为玉帛"和射礼的出现。春秋时代的中原逐鹿原本就是华夏民族内部的纷争，"兄弟阋于墙，外御其侮"，民族发展的最大利益便是和平。逐鹿的箭羽配着优雅的乐调，大家称兄道弟一起享受着投壶之乐，一切矛盾化为乌有。

　　具有五千年历史的中华民族，以其勤劳和智慧，创造了丰富多彩、璀璨夺目的物质文化。它们源于生活，又高于生活，在数千年的发展中，融合了雅俗文化的精髓，变得富有生命力和艺术创造力。它们是一种象征符号，蕴含了传统文化的博大精深；它们是一幅美丽的画卷，展现了传统文化的精致典雅；它们是一部传奇，演绎了传统文化由筚路蓝缕走向辉煌。它们所体现出的文化元素，不仅使历史上的中国成为东亚文化的中心，也成为西方向往的神秘王国。它们犹如一部立体的时光记忆播放机，连续不断地推陈出新，中华文化精神也就在这些集艺术与实用为一体的物质元素中一代一代地传承下来。

　　　　　　　　　　　　　　焦　杰

目

录

绪 论

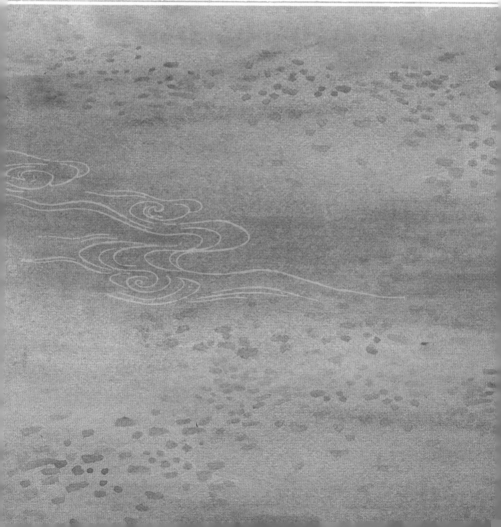

中国民间流传着一首歌谣："神农后稷尝百草，不怕蛇咬狼挡道，死而复生不动摇，只为民众能吃饱……"古老的中国，有两位传说中的农业开辟者——神农与后稷。传说中的神农生长在西北的姜水流域（今陕西岐山一带），他率领人民开垦土地，播种五谷，从此有了农殖这一事业，人们尊称他为神农。后稷是周人的始祖，也是周人的农神。他开创了周人的部落，开创了周人的农业，创建了光辉灿烂的农耕文化。由此，周人对农业格外钟情。北宋范仲淹有诗云："圣人作耒耜（sì），苍苍民乃粒。国俗俭且淳，人足而家给。……神农与后稷，有灵应为泣。"就是对两者对农业发展做出的贡献的盛赞。中国人以神农与后稷的传说而自豪，其故事家喻户晓。这些神话传说尽管有不少附会的成分，

后稷画像

但是确实反映了我国在很早的时候农业的出现和发展，也代表了我国农业发生和确立的一整个时代，对我们有重要的认识意义。

在农学家看来，"农业"有广义与狭义两种内涵。广义农业除过种植业之外，还包括畜牧业、养殖业、林业、渔业等，现在也有人称之为"大农业"；狭义农业主要指种植业，即利用植物的自然再生产过程获得物质生活资料的生产门类。因此，"农具"（**在古代又被称为农器或田器**）作为一个专门术语，也应该有广义和狭义之分。广义的农具是指人们在利用动植物的自然再生产过程获得物质生活资料的过程中使用的劳动工具；狭义的农具是指人们在利用植物的自然再生产过程获得物质生活资料的过程中使用的劳动工具。本书所说的农具即指后者，即《辞海》中所谓的"农业生产中所使用的结构简单、由人工操作或畜力驱动的工具的总称。如锄头、镰刀、步犁等。也泛指农业机械中的各种作业机械"。

中国自古以来以农立国，农具自然在历史上占有重要的地位。没有农业就没有农具，没有农具也无法从事和发展农业生产，两者相辅相成，形成辩证统一的关系。正如元代《王祯农书》所提出的"器非田不作，田非器不成"。"王者以民人为天，而民人以食为天"

（《史记》），强调人民以粮食为自己生活所系的重要意义。农具的地位自然也就凸显了出来，它是从事农业相关生产的不可或缺的手段，是农业生产力发展水平的重要标志。在我国古代农业发展的过程中，农具的材料、形状和使用的动力不断进步，出现了许多精细巧致的农具。这些农具适应了社会的发展，更适应了精耕细作农业技术的要求，体现了中国古代人民的智慧，有的还对世界农业的发展产生了深远的影响。几千年来，被农民们世世代代拿在手上的农具，就是他们的手和脚，就是他们的肩和腿，就是从他们心里生长出来的智慧。可以毫不夸张地说，那些所有的农具就是农民们身体的一部分，是人与自然相处的过程中相互剥夺又相互赠予的果实。中华民族五千年的文明史，其主要组成部分就是由中国农民们手上的工具一锨一锹、一锄一犁刨出来的农业文明史。

一、中国农具的发展历史

中国是人类发祥地之一，早在 170 万年前中华民族的祖先就在这块广袤的土地上劳动、生息、繁衍。大约在 5 万年以前的旧石器时代，人们的生产活动是采集果实与狩猎，生产工具主要是木棒和打制石器。原始人类从制作木质工具和石器开始踏上文明征程，他们用木棒、树枝、石块来捕获动物，挖掘植物的地下块茎，拍打树上的果子……我们的祖先创制的木质工具、石器虽然比较简单，但闪耀着原始人类的智慧，是人类适应自然、利用自然、改造自然的集中体现，也是今天人类所创造的丰硕的现代文明的伟大起点。

根据农具质料的不同，农具大体上经历了五个历史发展阶段：以木石并用为特色的原始农业社会；以青铜为闪光点的夏、商、西周、春秋时期；以铁质农具为特色的战国、秦、汉、魏晋南北朝时期；以水田农具为亮点的隋、唐、五代、宋、辽、金、元时期；以形制定型、种类完善、多种形式的农具共存的明清时期，这一时期也是中国农具发展的停滞期。

　　原始农业时期是中国农具的萌芽阶段。由于当时没有文字记载，人们只能从神话传说和地下发掘中寻找它的踪迹。在我国古代的传说中，有巢氏教人构木为巢，白天采摘橡栗，夜晚栖宿树上，他是人类原始巢居的发明者、巢居文明的开拓者，著名历史学家吕振羽在《中国历史讲稿》中指出："到了有巢氏，我们的祖先才开始和动物区别开来……从此就开始了人类历史。"燧人氏教人熟食，发明钻木取火，结束了远古人类茹毛饮血的历史，开创了华夏文明，成为华夏人工取火的发明者，著名社会活动家与学者赵朴初评价说："燧人取火非常业，世界从此日日新。"伏羲氏（亦作"宓羲氏""包牺氏""庖牺氏"）发明罞（fú）网，领导人民从事大规模的渔猎活动，是古代传说中的中华民族人文始祖。神农氏是农业的发明者，他观察天时地利，创制斧斤耒耜，教导人们种植谷物，曹植《神农赞》诗曰："少典之胤，火德承木。造为耒耜，导民播谷。正为雅琴，以畅风俗。" 从有巢氏到神农氏的传说反映了中国原始时代从采集、渔猎进步到农业生产阶段的情况：燧人氏代表的是人类开始知道使用火的阶段，伏羲氏代表人类知道运用鼎等物进行烹饪的阶段，神农氏代表人类农业社会的开端。

　　考古学家们从岭南到漠北，从东海之滨到青藏高原，从黄河流域到长江流域，从旧石器时代到新石器时代，从河姆渡遗址到半坡原始居民的考古发现，使得我们可以一窥中国古人用的石斧、翻松土壤用的石铲、收获庄稼用的石镰以及加工谷物用的石磨盘、石磨棒。木质农具不易保存，出土较少，但从历史资料来看，原始农业时代耒耜、耒锄一类木质农具也很普遍。原始农业社会，中国农具发展的代表是"耒耜"和"石犁"。这个时期农具的主要特点有：一是种类

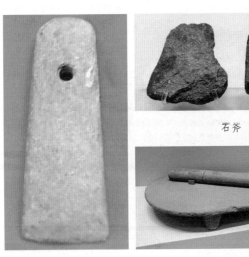

石铲　　　　　　　　　　　石斧

石磨盘

石　犁

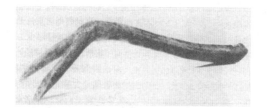

木　耒

骨　耜

有孔石锄

少形式多，对形体没有严格的要求；二是主要用料是石头和木头，还有陶、骨、角、蚌等，其中石质工具最多；三是在渔猎、采集、战斗和加工工具时，各种工具相互混用，用过之后多不保存，再用再选再造；四是从生产方式看，耜耕农业耕种方式出现，在某种程度上脱离了刀耕火种的原始生产方式。

奴隶社会时期，包括历史上的夏、商、西周、春秋时期。社会性质从原始公有制变为私有制，从原始公社制社会进入奴隶社会。农业耕作基本摆脱了原始耕作方式，进入粗放耕作阶段。部分农具摆脱原始状态，进入了改进、提高的初步发展阶段，并且迎来了用金属制造农具的曙光。这一时期农具以青铜为闪光

铜锸（西周）　　　　　铜铲（西周）

点，商周时代青铜农具已在农业生产中占据主导地位。青铜是铜和锡的合金，用它制作的农具比木石农具坚硬、轻巧、锋利，这是生产力发展史上的一次革命。夏代的农具种类比较丰富，除了改进过的石斧、石刀、石镰、石铲、蚌刀、蚌镰、蚌铲、骨铲等之外，青铜已经用于制造生产工具，不仅有铜镞、铜鱼钩，还有铜凿、铜锛和铜锥。这些都是狩猎、捕鱼和手工业所需的工具。目前已经发现的商代农具中，石器最多，都是通体磨光的斧、铲、刀、镰、锛等，其次是骨蚌器。商代青铜农具种类有铜镢（jué）、铜锸（chā）、铜铲、铜斧、铜锛等。

　　西周的农具有了明显的进步，既有大量的石质生产农具，又有青铜农具。耕地用耜，除草用铧、钱、镈，收割用铚（zhì）、艾。这一时期，按照青铜农具的不同用途，铜耒、铜耜、铜犁、铜钁属于整地农具，铜铲、铜镈、铜锄属于中耕除草农具，铜镰、铜铚属于收获农具。在西周初期，人们开始用辘轳提水灌溉农田。

奴隶社会向封建社会过渡的战国以及封建社会的秦、汉、魏晋南北朝时期，是北方精耕细作农业成型时期，也是北方旱地农具发生、发展、完善、定型期。以后各朝各代在旱地农具方面，也有少量种类的增加，但形制上没有明显的改进。这一时期中国农具发展水平的代表是铁制农具，其中的典型是"直辕铁犁""耧车""龙骨水车""风扇车"。根据文献记载，其实春秋时期已有冶铸生铁的技术，如《左传·昭公二十九年》记载，晋国自民间征收"一鼓铁，以铸刑鼎"。春秋时期已经出现了铁铲、铁锄、铁镰等，但考古发掘出土的春秋时期的铁制农具并不多，说明当时铁器的应用还不普遍。到了战国以后，中国大部分地区均已使用铁器，铁制农具逐渐取代木石农具，成为主要的农具。战国时期铁制农具有钁、锄、铲、镰、锛、斧等，用于农业生产的各个环节，如垦地、翻土、开沟、整地、中耕除草与收获等。此外，木质农具也有发展，如木制的櫌（yōu）和枷。《管子》载有"椎"，又叫"櫌"，是为木榔头，用于碎土和覆种。《国语》

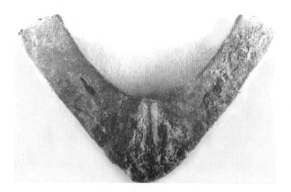

铁犁冠（战国）

铁插（战国）

铁鑺（战国）

记载的农具有"枷"，即连枷，是当时先进的脱粒工具。

秦汉时期，冶铁业发展相当迅速，为铁制农具的普遍使用创造了物质基础。西汉《盐铁论·水旱》说："农，天下之大业也。铁器，民之大用也，器用便利，则用力少而得作多，农夫乐事劝功。"《盐铁论·农耕篇》又说："铁器者，农夫之生死也。"可见秦汉时期农业已与铁器不可分割，农具业已铁器化，新型的农具就是在这种情况下得到不断发展与完善的。汉代的铁制农具不仅在中原一带，而且在边远地区也广泛使用。考古发掘中，从东南的广东、福建到西北的甘肃，从东北的辽宁、内蒙古到西南的云南、贵州，都发现了秦汉之际的铁制农具。在汉代的遗址中，不但出土了大量农具铸范、窖藏农具等，而且在一般农户遗址上也发现了铁器。铁制农具在当时的农业生产

铁铧（汉）

铁耧铧（汉）

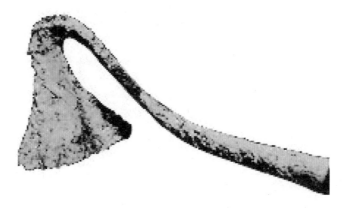

带柄铁鎒（hāo）锄（秦汉）

桔（jié）槔（gāo）提水图（秦汉）

中占统治地位。汉代掀开了中国农具发展史辉煌的一页，在中国科技史乃至世界科技史上占有非常重要地位的四种农具——耕地用的直辕犁及翻土用的犁壁、播种用的耧车、灌溉用的龙骨水车、脱粒去杂用的风扇车，都是这一时期发明创制或定型的。

魏晋南北朝时期，虽然社会基本都处于动乱之中，但农业技术与耕作制度还是有发展的。这个时期农具发展的基本特征，一是适应旱地作业和水田作业的农具体系初步形成，二是大田作业的耕播、植保、收割、加工机械基本成熟，三是农具的品种更加多样化，适应了农业加工精耕细作的要求，四是自然力在农业机械上得到广泛的应用。这一时期农业生产已全面进入

铁铲（三国）

铁插（南朝）

杈作业图（甘肃省嘉峪关魏晋墓画像砖）

耙地图（甘肃省嘉峪关魏晋墓画像砖）

牛拉耕犁进行犁耕的阶段，发明了与耕犁配套作业的钉齿耙、水田耙、碌碡（liù zhou，**一种农具，多由木框架和圆柱形的石磙构成，用来压实土壤、压碎土块或碾脱谷粒**）等。此外，制作农具的材料铁，随着冶铁技术的发展也有所改进。这一时期，还出现了齿轮传动和以水为动力的连碓（duì）机及连转磨，创造自动春车和磨车，创造水碓和水磨，出现了播种农具窍瓠（hù）和覆种农具挞。耧车完全定型是这个时代农具进程中最辉煌的成就之一。结构先进、操作方便的耧车，从这个时代开始正式登上历史舞台，在中国辽阔的国土上使用了近 2000 年，甚至在现代化农业机械林立的今天，仍然不乏使用者，这是中国农具史的骄傲，是中国机械史的骄傲，也是中国的骄傲。

隋、唐、五代、宋、辽、金、元时期是精耕细作农业扩展时期，随着中国经济重心向南转移，北方先进的农业生产技术在南方逐渐得到推广和应用。农业的主要特点是南方水田精耕细作技术体系的形成，一些新的适合南方水田生产环境的农具相继创制和发明。这一时期，中国农具发展水平的代表是曲辕犁、

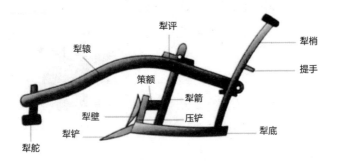

唐曲辕犁形制结构图

唐曲辕犁劳作图

耖（chào）、秧马等。隋唐五代时期的农业生产工具基本上继承了南北朝的成就，铁制的锸、铲、镰、铧、锄等普遍使用，而且在耕犁的完善方面有巨大的成就，特别是对原有直辕犁进行改进而创造的曲辕犁，标志着中国耕犁发展进入了成熟的阶段，是中国耕犁发展史上一个重要的里程碑。它操作起来较为灵活方便，因而特别适合于土质黏重、田块较小的江南水田使用，同时也适用于北方旱田作区。在加工机械方面，唐代普遍使用碾磨。唐代在灌溉机械方面的成就也比较突出，出现了用水力提水的工具"水轮"、连筒车、曲柄辘轳和空中缆道相结合提取河水的灌溉工具"机汲"。水车也得到推广和改进，发明了脚踏和牛转水车，

铁铲（宋）　　　　　　　铁搭（宋）

踏碓捣米图（宋）

还远传日本。这一时期，不仅耕地整地农具取得了长足的进步，粮食加工农具也日臻完善，形成了舂、碾、磨等多种粮食加工农具。

宋辽金元时期我国农业生产得到更成熟的发展，这一时期的农具表现出"继往"和"承前"的特点。而宋代是中国农具发展史上一个非常重要的时间节点，也是中国南方水田农具发展的巅峰时期。农具种类增多，一些适合南方水田生产的农具应运而生，如耕地整地的耖（在宋代定型）、播种移栽的秧马等。尤其是北宋时期出现的用于水稻移栽的工具——秧马，可以大大减轻农民的劳动强度。这时，南方地区形成了一套成熟的耕—耙—耖的水田精耕细作技术体系。而此时的北方地区已普遍使用了除草用的弯锄，碎土疏土用的铁耙、铁搭，以及在耧车脚上安装漏空的铁铧。这些农具的使用，说明田间耕作程序的增多，也说明精耕细作的传统农业技术继续得到发展。

宋辽金元时期出于各族人民经济文化的友好往来和生产斗争，农业生产工具得到比较全面的发展。北魏贾思勰《齐民要术》记载的农业工具只有30多种，而元代《王祯农书》多达105种之多。《王祯农书》介绍农业生产工具的是卷十一至二十二，附图竟达306幅；将农具分为20门，每门又分若干项，总计有259项，其中主要农具有铧、耥（tǎng）头、锄、镬、镰、镐（gǎo）、锹、铲等。元代的北方地区，在耧车播种后，为了更进一步让土壤与种子充分接触，压实土壤，人们还发明了砘（dùn）车，起到镇压的作用。还有不少农具是这一时期的新发明创造，如踏犁、麦钐（shàn）、麦笼、推镰、水轮三事、耘爪等，比较集中反映在耕耘、栽种、灌溉、收割、加工等几个方面。

水轮三事复原模型图

截至元代，我国南方、北方的传统农具种类的发明创制基本完成和定型，南北两地耕作环境不同，形成了不同的完整的精耕细作的农耕技术体系。农业生产工具种类齐全，体系完整，配套使用。

明清时期，中国的封建经济总体上已进入衰败时期，资本主义开始萌芽。在农业上所形成的小农经济体制，已是生产力发展的严重桎梏。中国传统农具发展到这个阶段，已能完全满足小农经济体制的农艺要求，作为生产力之一的工具，只有生产关系再出现新的飞跃，才会出现新的发展机遇。但明清时期的社会

稻桶图（明清）　　　　　　扬扇图（明清）

没有为生产力发展创造新的机遇，所以明清时期的农
具基本上一直停留在《王祯农书》总结的水平上，这
一时期为农具发展的停滞时期。这个阶段主要特点是
为了适应全国性人多地少格局的形成，多熟种植的推
广和耕作技术的精细化。至此，中国农具，无论是北
方还是南方，其形制已经定型，种类基本完善，多种
形式的农具共存，南北相互交流融合。明清时期，新
的农具种类不多，只是在农具的形制结构上加以完善。
明代有人力犁"木牛"、绞关犁（又名代耕架）以及
稻谷脱粒的稻床，使用生铁淋口技术制造农具，使用
小型水车"拔车"；清代有深耕犁的记载，出现了掩
青农具秧马（不同于宋代秧马），关中地区出现中耕
农具漏锄。

审视中国人手中的农具，在上万年的春华秋实、风霜雨雪中由木器而石器，由石器而青铜器，由青铜器而铁器，由铁器而现代化农业机械，使我们成功挣脱原始的羁绊，种植汗水，收获金黄，充分体现了我国劳动人民的勤劳、智慧和才能。

二、农具的类型

根据农具的不同作用，农具可分为整地农具、播种农具、中耕农具、收获农具、灌溉农具、加工农具、运输与储存农具。（笔者参考了柏芸《中国古代农具》及周昕《中国农具史纲及图谱》）

整地农具用于耕翻土地、破碎土垡（fá）、平整田地等作业。经历了从耒耜到畜力犁的发展过程。在原始农业阶段，最早的整地农具是耒耜，先是木质耒耜，后来又发明石耒和骨耒，以后又有石铲、石锄、石镢，铁制的耒、锸、犁铧等。汉代畜力犁成为最重要的耕作农具。魏晋时期北方已经使用犁、耙、耱（mò）进行旱地配套耕作。宋代南方形成犁、耙、耖的水田耕作体系。耙用于耕后破碎土块，耖用于打混泥浆。

播种农具是为了有利播种而发明的农具。原始农业阶段，大多用手直接播撒种子，无需播种农具，真正的播种农具是要等到精耕细作作为主要特征的传统农业技术成熟以后才出现的。根据历史文献记载，耧

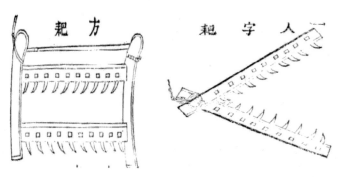

方耙与人字耙（《农政全书》）

车是我国最早使用的播种农具，发明于汉武帝时期。水稻移栽工具——秧马，出现于北宋时期，它是拔插稻秧时乘坐的专用工具，减轻了弯腰曲背的劳作强度。

中耕农具是在农作物生长的过程中进行锄耘、清除杂草、疏松土壤，以促进农作物的生长发育确保丰收的农具。中耕农具分为旱地除草农具和水田除草农具两

水稻移栽工具——秧马

类。铁锄是最常用的旱地除草农具，春秋战国时期开始使用。耘荡是水田除草农具，元代开始使用。

收获农具是作物成熟后及时收割的农具，包括收割、脱粒、清选用具。新石器时代已有石制或蚌壳制的割取谷物穗子及稿秆的铚与镰。金属出现后，则有青铜和铁制的铚和镰。几千年来，铚和镰的形制基本上没有多大变化。《王祯农书》中记载的由麦钐、麦绰等组成的芟（shān）麦器，是一种比较先进的收获小麦的农具。谷物收割完毕要脱粒，脱粒工具南方以稻桶为主，北方以碌碡为主，春秋时出现的脱粒工具连枷在我国南北方通用。谷物收割脱粒后，利用风力把秕壳与籽粒分开的办法很早就使用了。河南济源泗涧沟汉墓出土的陶风车模型，说明至迟西汉晚期已经发明了清理籽粒、分出糠秕的有效工具。风车把叶片

铁弯锄（北宋）

转动生风和籽粒重则沉、糠秕轻则扬的经验巧妙地结合在同一机械中，确是一种新颖的创造。

多数谷物需要加工去壳或磨碎后才能食用，最早的加工方法可能是舂打，之后方为碾磨。据不完全统计，我国各地出土新石器时代的石磨盘、石磨棒有150处之多，与石磨盘配套的器物还有石磨棒、石饼、石球。我们的祖先就是手持这些原始加工器具，用力反复研磨石磨盘上的谷物，脱去谷物坚硬的表壳，然后用陶质炊具煮蒸食用。何其不容易！正如唐诗所说：

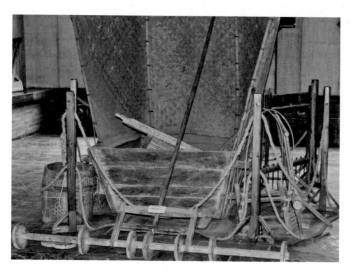

打稻桶

碌碡

谁知盘中餐，粒粒皆辛苦！我国古代的加工农具包括粮食加工农具和棉花加工农具两大类。粮食加工农具从远古的杵臼、石磨盘发展而来，汉代出现了杵臼的变化形式——踏碓，石磨盘则改进为磨、砻（lóng）。南北朝时期出现了碾。

　　灌溉农具发展于上古时代，人们在灌溉时，要用瓦罐从井里把水一罐罐打上来，或从河里把水一罐罐抱回来。《庄子》上说的"凿隧而入井，抱瓮而出灌"，就是这种情形的反映。商代发明桔槔，周初使用辘轳，汉代创制人力翻车，唐代出现筒车。筒车结构简单，流水推动，至今我国南方水力丰富的地方还在使用。宋元之际发明了水转翻车。翻车是利用齿轮和链唧筒

碾

桔 槔

原理汲水的排灌农具，结构巧妙，抽水能力相当高，是电力抽水机推广以前我国农村使用最广泛的排灌农具。

农用运输工具与储存工具有悠久的历史，但是出土文物和文献记载都不多见。使用最早的农用运输工具可能是"禾担"。我国古代农用运输工具系统包括舟和车，商代甲骨文中已有舟字，历史记载的盘庚涉河迁都，武丁入河，更表明当时水运有了一定的规模。传说中黄帝造车，到夏朝薛部落（**今山东枣庄**）以造车闻名于世。据《左传》记载，薛部落的奚仲担任夏

辘轳

朝的"车正"官职，主管战车、运输车的制造、保管和使用。这是我国官办农业运输最早的记载。三国时期的木牛流马更说明了我国古代运输工具的多样和丰富。担、筐、驮具、车是农村主要的运输工具。担、筐主要在山区或运输量较小时使用，车主要在平原、丘陵地区使用，其运载量较大。对于粮食的储藏，人们通常选择窖储或仓储。

筒车（《农政全书》）

独轮车

综观我国古代农具的发展史，可以看出，我国古代发明创造的风车、水碾、播种用的耧车等农具，代表着当时世界上先进的"农业机械化水平"，但是，大约从明代中期以后，我国专制社会的禁锢、战乱和外强的入侵等因素，严重阻碍了我国农具的进一步发展，甚至出现了停滞不前的局面。

三、农具与中国传统文化

周武王时期，中国这个农业古国对农业的重视达到了空前的程度，形成了以农业为国家之本的重农思想。这一思想此后就成为历朝历代根深蒂固的建国大纲之一，农业始终是国家最为重视的命脉产业。在古代中国，农业是得天独厚的，农业科学极其幸运，成为古代中国四大支柱科学之一。古代中国农业科学最为显著的特点，就是天时、地宜、人力的系统理论与精耕细作的技术要领。而这都萌生于原始社会时期，奠基于战国中、晚期。

古代中国在先秦时代就产生了一个很著名的天、地、人三才思想，它将整个世界视为一个紧密相关的有机体来看待，在古代中国有着极大的影响。这一思想渗透到各个具体的领域中，例如在军事上表现为天时、地利、人和，在农业上则表现为天时、地宜、人力。天时、地宜、人力的系统思想，将农业生产最主要的方面作为一个有机的整体统一起来，成为此后中国农业纲领性的指导思想。

而农具在中国传统社会中扮演了极为重要的角色，成为中国传统文化的重要组成部分，也是古代中国天时、地宜、人力的系统思想的结晶。中国古人对这一重要物象的不断书写，是尊重劳动、赞美劳动、敬畏劳动的表现，也是重农思想的体现。

最具代表性的是《耕织图》。我国古代的耕织图历史源远流长。据研究，其起始可追溯到战国时期，历经汉唐，至宋代开始由单一化走向系列化。元、明时期不断充实和发展，对南宋《耕织图》及耕织图诗进行了翻刻，并不断有新的作品问世。在清代更是出现康熙、雍正、乾隆、嘉庆连续四任皇帝题咏耕织图诗的盛况。《耕织图》通过"绘图以尽其状，诗歌以尽其情"，构成了一个较完整的记录古代男耕女织的社会经济活动的连环画卷。

较早的《耕织图》是南宋绍兴年间画家楼璹(shú)所作。楼璹在任于潜令时，跑遍于潜县治卜二乡之周边的南门畈(fàn)、横山畈、方元畈、祈祥畈、对石畈、竹亭畈、敖干畈等大畈，深入田头地角，出入农家，与当地有经验的农夫蚕妇研讨种田、植桑、织帛等技术得失。尤其难得的是，他留下的从事农业生产的图像，为研究农业特别是农具留下了无法从文字资料中得到的珍贵信息。例如《灌溉》《一耘》图，绘出了当时使用戽（hù）斗、桔槔和龙骨车抽水灌田的情景。从《收割》图中看到的是一幅紧张的割稻场面。《织》和《攀花》等图绘出了当时已经使用的素织机和花织机，使人们能够更形象地了解当时蚕桑及纺织的发展

康熙版《耕织图》之《耕》图

面貌。其中记载的许多耕织知识和生产工具一直沿用至今。楼璹对农业生产的长期观察体验和高超的艺术造诣，使得《耕织图》成为一卷诗画相配的文学艺术作品。有人将他的诗与南宋诗人范成大的作品相比较，认为充满田园气息，也有人评价他的作品的内容更像是以农业为主题的农学著作，有人将它与《天工开物》《农政全书》相媲美，说是一部有韵的农书。楼璹将《耕织图》呈献给宋高宗，深得高宗赞赏并获得吴皇后题词。皇上还专门召见他，并将其《耕织图》宣示后宫，一时朝野传诵，从而引发了《耕织图》发展的第一次高潮。社会上接连不断地出现了许多《耕织图》，形成中国绘画史、科技史、农业史、艺术史中一个独特的现象，成就了中国传统文化的一大瑰宝。《耕织图》得到了以后历代帝王的推崇和嘉许。天子三推，皇后亲蚕，男耕女织，这是古代中国很美丽的小农经济图景。

第一章

整地农具——从耒耜到犁

一、从耒耜到犁

耒耜是中国先民早前发明的农具，耒耜的使用开创了中国辉煌灿烂、源远流长的农耕文明，对中国历史的演进与发展有着重要的作用。关于耒耜的发明，有这样一个传说：远古时候，有一个名叫女登的美丽少女，天天到烈山上放羊，一有空闲就到山中一个幽深的洞里小憩。一次，她坐在洞中倚着洞壁睡着了，走进了甜美的梦乡，梦中她与一个自称七龙子的英俊少年相爱，缠绵不已。后来女登住进了洞里，并在农历四月二十六日生下七斤重的肉球。家人对肉球颇为反感，于是举起石刀，欲劈肉球。没想到肉球自动裂开，跳出一个牛首人身的胖小子。女登十分高兴，为他取名"石年"。石年天资聪颖，三天能说话，五天能走路，三年知稼穑之事，长大后做了姜姓部落的首领。因其生于烈山、长于姜水，有圣德、以火德王，故号炎帝，又称赤帝、烈山氏。又因他"制耒耜教耕种于耒山，拾嘉谷创水稻于嘉禾"，开启了中华民族农耕文明的绚丽篇章，所以在历史上也被称为神农氏。中国很早的典籍中就有神农氏发明耒耜的记载，《周易·系辞》载："包牺氏没，神农氏作，斫木为耜，揉木为耒，耒耨（nòu）之利，以教天下。"神农生活的时代大约是中国五六千年前的原始社会末期，传说他曾"尝百草"，试验它们是否对人有益，制作了耕作的工具耒耜，教导人们耕种，是中华民族的人文始祖之一。《王祯农书》中说："昔神农作耒耜以教天下，后世因之；佃作之具虽多，皆以耒耜为始。"皆认为耒耜的发明者为神农氏，这一发明开创了后世中国多样化的农具。耒耜的发明，标志着中华文明从渔猎时代向农耕时代的过渡，开启了中华农耕文明的大幕，开创了中华农耕文明的辉煌历史。人们约定俗成地将"耒"作为与农具有关的字的部首。常见的有"耕"（用犁松土）、"耘"（田地除草）、"耦"（两

神农创耒耜

人或两牛并耕）、"耧"（播种农具）等等。

原始社会末期的中国，人们种庄稼时，总是先在生满杂草的地上放火，把杂草烧成灰，然后用尖木棒松软土壤，播下种子。这种尖木棒就是最早的耒。后来人们发现用这种耒掘地既费劲，又不均匀，发现用双叉的木棒可以更快，于是就出现了"双齿木耒"。

后来人们进一步在耒的近尖处绑上一个横木，可以更省力，于是就出现了绑有横木的耒。

耜是一种由石片演变而来的掘地工具。最早的耜是经过适当打磨的石片、骨片和木片，没有柄，或只有刚能用手握住的短柄。甲骨文中写作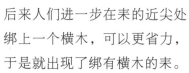"$\mathfrak{d}$""$\mathfrak{d}$""$\mathfrak{d}$"，正是耜的象形。用耜掘地，需要弓着腰或蹲着身子，很费力。而耒的尖端又非常容易损坏，故而在长期的劳动实践中，人们认识到如果把耜装在耒的头上，使用起来就会方便许多。于是人们就将耒和耜绑缚在一

耒

起，成了一件农具，合称耒耜。

商代出土的甲骨文中，已经见到耒耜的古体字，如""，说明耒耜已经被大量使用。

双齿木耒

耒耜的发明自然是原始先民在劳作中集体智慧的结晶。后人为更好地纪念这一重大事件，却无法归于一人，故把它归功于神农氏。耒耜结合形成一件东西，是农具发展史上的一个重要的进展。其后许多农具的创作与演变，都直接或间接地受到这种构造的影响。因为耒是由木棒作柄，故耒耜从一开始就有直柄与曲柄之别。后世的耒耜也就沿着这两个方向向前发展。直柄农具渐渐演变出了铲、锹、锨等，曲柄农具渐渐演变出了曲柄双齿耒等，并由此引出了犁的雏形。

耒耜的出现带来了劳动合

石耜

耒耜

作方式的改变。前面几个人掘地，后面的人将翻地的土块打碎。后来为了提高劳动效率，开始改变多人搭配的情况（**因为人多并不一定效率更高**），改为两人配合，一人翻地，一人打碎土块，这在古代中国被称为"耦耕"。在"耦耕"的合作方式下，古人逐渐探索出了新的劳动配合方式来提高效率，即在耒耜后面系上绳索，把耜头插入土里，另一人不马上提起了，而是拉着一路向前，一路把土翻起来。《周礼·考工记》曾载："耒，庇长尺有一寸，中直者三尺有三寸，上句者二尺有二寸……耜广五寸。"后来元朝的王祯根据这个记载，绘制了一个古代的耒耜图，形制已经近似于后代的犁。还是为了提高效率，在实际生产中耒柄逐渐弯曲，耜刃向外，出现了犁的雏形。

甲骨文中的犁写作" "" "，去掉偏旁" "，就和耒的甲骨文写法相似，而后世发掘的甲骨文又常常出现"犁""牛"连接成词的文句，可以判断耒耜和牛结合，出现了专门称为"犁"的农具。（参见周昕《农具史话》）

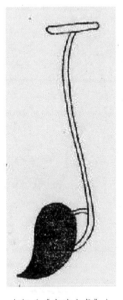

耒耜（《农政全书》）

早期的犁，形制简陋。西周晚期至春秋时期出现铁犁，开始用牛拉犁耕田。西汉出现了直辕犁，只有犁头和扶手。汉武帝时搜粟都尉赵过发明了耦犁，《汉书·食货志》云："赵过用耦犁，二牛三人。"是一人牵牛，一人掌犁辕，以调节耕地的深浅，一人扶犁。这种犁犁铧较大，增加了犁壁，深耕、翻土、培垄一次进行，可以耕出代田法所要求的深一尺、宽一尺的犁沟。

至隋唐时代，犁的构造有较大的改进，出现了曲辕犁。除犁头扶手外，还多了犁壁、

耒耜向犁转化示意图

汉代的耦犁

犁箭、犁评等。陆龟蒙《耒耜经》记载："犁，冶金而为之者曰犁镵（chán），曰犁壁，斫木而为之者曰犁底，曰压镵，曰策额，曰犁箭，曰犁辕，曰犁梢，曰犁评，曰犁建，曰犁盘。木与金十有一。"共有11个用木和金属制作的零件，可以控制与调节犁耕的深度。唐朝的曲辕犁与西汉的直辕犁相比，增加了犁评，可适应深耕和浅耕的不同需要；改进了犁壁，唐朝犁壁呈圆形，可将翻起的土推到一旁，减少前进的阻力，而且能翻覆土块，以断绝杂草的生长。且唐代曲辕犁转动灵活，富有机动性，便于深耕，且轻巧柔便，利于回旋，适应江南地区水田面积小的特点，为江南开发做出了贡献。

　　唐代曲辕犁结构完备，轻便省力，是当时先进的耕犁，反映了中华民族的创造力，历经宋、元、明、清各代，耕犁的结构没有明显的变化，其历史意义、社会意义影响深远。在当代农具设计中，曲辕犁仍有着很好的借鉴意义。

二、中国传统文化中的耒耜与犁

　　《诗经》中有一首《周颂·载芟》，表现了春种夏长秋收冬祭的情形，诗作以"千耦其耘"来描写多人合力开垦、翻掘土壤的盛大场景，"有略其耜，俶（chù）载南亩，播厥百谷"则写利用锋利的耒耜在田地播种。全诗反映了劳动生产的艰苦和共力合作获取丰收的喜悦，并强调了农事乃家国自古以来的根本的道理。《小雅·大田》同样表现从春天播种开始到农事祭神的经过，反映了春夏秋冬农事的过程，其中"大田多稼，既种既戒。既备乃事，以我覃（yǎn）耜。俶载南亩，播厥百谷"同样表现了运用耒耜松土、播种的过程。西汉《淮南子·说林训》中载："清醠（àng）之美，始于耒耜，黼（fǔ）黻（fú）之美，在于杼轴。"说美味的清酒，是从种地翻土的农具耒耜开始的；色彩美丽的服饰，是在织布机的梭子、转轴上产生的。同样强调了劳动的成果，世上一切物质产品的美，都是人使用劳动工具创造的。

春秋时代，犁成为当时重要的事物，孔子弟子的取名就与犁、牛密切相关，如冉耕，字伯牛，又有司马牛，名犁，均表明了当时犁、牛在人民生活中的重要性。汉唐以来，随着犁的改进，耕犁成为千千万万普罗百姓耕种的最为重要的劳动工具，历代的诗文歌咏不断，犁及其表现的耕作场面成了历代文人的重要话题。

唐代著名诗人陆龟蒙曾专门撰写了论述犁的著作——《耒耜经》，在正文的开头即强调了他写作的意旨：耒耜这种农具为古代圣人所创制。从人类开始懂得种植谷物到今天，农民都靠耒耜进行耕作。不重视耒耜等农具而能够管理天下的人是没有的。一个人如果饱食终日而连谷物如何种植、农具如何使用都不了解，就与扬子所谓的禽兽无异。我在田野边与耕田的农民谈论耕作，就好像在神农氏的家里学习种植。农民们朴实的风度、真挚的话语，令人深省，从而体会到古代圣人制作农具的宗旨和乐趣所在，真是朴实而深刻啊！难怪孔子说自己不如老农，这确实是实在话。我撰写此文的目的，就是为了避免遗忘这些农具及使用方法，并以此表达自己没有白吃粮食的心情。陆龟蒙解释了"耒耜"的含义："耒耜，农书之言也，民之习，通谓之犁。"认为"耒耜"是农书中的用语，普通百姓习惯把"耒耜"叫作"犁"。也就是说，在《耒耜经》中所谓"耒耜"即"犁"的代名词，因而所谓"耒耜经"自然也就是"犁经"。其中对被誉为我国犁耕史上里程碑的唐代曲辕犁记述得最准确最详细，是研究古代耕犁最基本最可靠的文献，历来受到国内外有关人士的重视。《耒耜经》问世以后，曾得到很好的评价。《四库全书提要》说《耒耜经》"叙述古雅，其词有足观者"。英国的中国科技史专家白馥兰说："《耒耜经》是一本成为中国农学著作中的'里程碑'的著作，欧洲一直到这本书出现六个世纪后才有类似著作。"

从另一方面来看，对于农作、农具的重视，也表现出了耕作生活的艰苦，诗人也常为农夫们的劳苦而叹怜，进而发展成为对于社会不公的深刻揭露。唐代张籍《野老歌》说："老农家贫在山住，耕种山田三四亩。苗疏税多不得食，输入官仓化为土。岁暮锄犁傍空室，呼儿登山收橡实。西江贾（gǔ）客珠百斛，船中养犬长食肉。"黎民百姓辛苦一年，岁暮时只有自己的锄犁相伴，室内空无一物，普通人的生活还不如富贵人家所养的一条狗，深刻地揭露了矛盾尖锐、触目惊心的社会现实。南宋诗人范成大在《四时田园杂兴》中说："采菱辛苦废犁锄，血指流丹鬼质枯。

无力买田聊种水，近来湖面亦收租！"辛苦的人民不愿稼穑而选取了在湖面采菱的生活，这是因为没有能力买田种地，原以为能逃避官府的征讨，但"天网恢恢，疏而不漏"，近来湖面也开始收租了。从另一侧面展示了社会的黑暗。

而对农作生活的重视与关注，从另一方面深入发展，形成中国另外一种极具特色的诗歌——田园诗，表达对田园生活的向往与热爱。这方面最早的诗人是陶渊明，他在《饮酒（十九）》中吟唱道："畴昔苦长饥，投耒去学仕。将养不得节，冻馁固缠己。是时向立年，志意多所耻。遂尽介然分，拂衣归田里。冉冉星气流，亭亭复一纪。世路廓悠悠，杨朱所以止。虽无挥金事，浊酒聊可恃。"说自己曾因饥寒而出仕做官，但又耻于为仕而归田，尽管目前的境遇贫困，但走的是人生正途，没有违背初衷，且有酒可以自慰，所以已经感到十分满足，从而表现了归隐的志趣，田园生活的乐趣，对仕途的厌恶。唐代诗人钱起《南溪春耕》说："荷蓑趣南径，戴胜鸣条枚。溪雨有余润，土膏宁厌开。沟塍（chéng）落花尽，耒耜度云回。谁道耦耕倦，仍兼胜赏催。日长农有暇，悔不带经来。"写一身蓑衣的自己到南溪去，看到溪雨有润，土壤肥厚，千人耦耕，一派祥和，繁重的劳作似乎也觉得不那么劳累了。

　　传统农具从耒耜到犁的变化，是中国农耕文化中最为关键的进化，耒耜与犁及其反映的劳作场面，也自然融进了中国文化，成为中国传统文化的表征之一。

第二章

播种农具——秧马

一、播种农具的发展及秧马的出现

中国古人对于播种的记载是很早的。《尚书·舜典》载："汝后稷，播时百谷。"《吕氏春秋》卷二十六《辩土》更进一步说："稼欲生于尘而殖于坚者。慎其种，勿使数，亦无使疏。于其施土，无使不足，亦无使有余。"已充分认识到了播种时的疏密、浅深、松实等细节。古人最早的播种无疑完全是手工的，用木棒掘松泥土，用手或石刀、木棒挖出个洞穴，再用手将种子投入洞穴里压实，这样就完成了播种工作。随着耕种面积的逐渐扩大，农业劳动量逐渐增加，就开始出现了播种农具。

最早出现的是种箪，是用来盛装种子的容器，秋收之后，存贮谷种于其中，放置于通风处，使种子不致潮腐。下种之前，可浸于溪中，作浸种的用具。种箪属于为播种服务的农具。后来出现了瓠种（**也叫窍瓠**），是在瓠瓜成熟之后，掏空内腹制成。在一个瓠的两端各穿一个孔，上端的孔内装一个可以用手把握住的木柄，下端的孔内装一个可以吐出谷粒的小嘴，再在偏向瓠的顶端部位开一个小口，从这个口里装进种子，这样就做成了一个播种用的瓠种。播种者用手拿着装满了种子的瓠种木柄，或用绳系在木柄上，绳的另一端缠在人的腰间，瓠嘴对准垄沟，人沿着田垄走去，并不断用一根细棍敲打瓠壳，种子就通过瓠嘴上的小孔泻到沟里，完成播种工作。

汉武帝时，搜粟都尉赵过发明了耧车。东汉崔寔（shí）《政论》记载："武帝以赵过为搜粟都尉。教民耕殖，其法三犁共一牛，一人将之，下种挽耧，皆取备焉，日种一顷。至今三辅犹赖其利。"这种耧犁就是现在北方农村还在使用的三脚耧车。耧车有独脚、两脚、三脚甚至四脚数种，以两脚、三脚较为普遍。耧车结构精巧，播种均匀，用途相当广泛，可以播种小麦、大豆、谷子、高粱等多种作物，还可以用来施肥。从耧车的原理构造上讲，它是近代播种机的雏形。

古代在播种时使用的农具，除耧车之

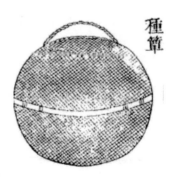

种箪图（《授时通考》）

瓠种（《农政全书》）

外，还有砘车。砘车是在一个木轴上，装上与耧车足数相等的石轮，石轮之间的距离和耧车足之间的距离相等。这个轮轴装在一个可以系上绳索拖着转动的木架上。下种时石轮跟着耧车碾压垄沟，完成镇土的工作。

耧车和砘车主要是在中国盛产谷物的北方播种时使用，盛产水稻的南方使用的播种农具主要是秧马。在水稻的栽种中，最为辛苦的就是插秧，费时多，强度大，技术高。秧马就是为了解决这一问题而发明的。传说秧马发明时间很早，有人甚至认为可以追溯到汉以前，但在隋唐时代的典籍中并未见到相关记载，而在宋人的文献中却频频出现，故秧马发明的时代应该在宋朝。苏轼曾在他的诗作中热情地描述与讴歌过，后世文人纷纷效仿，使得秧马在中国的传统文化中留下了浓墨重彩的一笔。秧马外形似小船，头尾翘起，背面像瓦，供一人骑坐，其腹以

车楼

楼车图

摹绘唐代楼播壁画图

宋代敦煌壁画楼播图摹本

枣木或榆木制成，背部用楸（qiū）木或桐木。操作者
坐于船背。如插秧，则用右手将船头上放置的秧苗插
入田中，然后以双脚使秧马向后逐渐挪动；如拔秧，
则用双手将秧苗拔起，捆缚成匦，置于船后仓中。可
提高功效及减轻劳动强度。秧马出现后，逐渐在中国
南方推广开来，后世出现的各种式样的秧船，都是从
秧马演化而来。

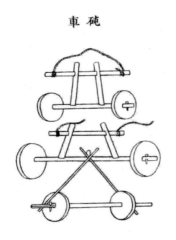

砘车（《授时通考》）

石砘（又名砘子、小石滚）
（《天工开物》）

秧 马

秧马图（《农政全书》）

秧马图（《授时通考》）

二、中国传统文化中的秧马

　　秧马在中国的普及、推广与在传统文化中的影响，与苏轼的大力提倡密不可分，而苏轼提及、歌咏秧马的举动，根本上是由他的民本思想决定的。（**参见伍宝娟、吕晓玲《民本思想与苏轼文学创作》**）

　　古代中国的民本思想渊源有自，有人认为早在夏朝即有了"民为邦本"的观点。至春秋战国时代，民本思想发展更为成熟，《孟子·尽心下》明确提出了"民为贵，社稷次之，君为轻"的论题。苏轼秉承前贤，对历代的民本思想多有承继，且又形成自己鲜明的特色。

　　苏轼的民本思想极为彻底，所以在心态上也就更加平民化。苏轼早就有弃官为农的想法，"乌台诗案"发生之前任杭州通判之时即已有之。正是因为苏轼具有与一般文人相比更为清晰、更为彻底的民本思想，所以其民本思想往往也得以在文学创作中充分体现。

　　宋哲宗绍圣元年（1094）苏轼被贬知惠州，南迁途中见到了曾安止所作的《禾谱》，叹惜其未谱农器，就把自己曾游武昌时见到农夫插秧所骑秧马的形状、功效等，详细地作了一首《秧马歌（并引）》，附于《禾谱》之末：

过庐陵，见宣德郎致仕曾君安止，出所作《禾谱》，文既温雅，事亦详实，惜其有所缺，不谱农器也。予昔游武昌，见农夫皆骑秧马。以榆枣为腹，欲其滑；以楸桐为背，欲其轻；腹如小舟，昂其首尾；背如覆瓦，以便两髀（bì）。雀跃于泥中，系束稿其首以缚秧，日行千畦。较之伛偻而作者，劳佚相绝矣！《史记》禹乘四载，泥行乘橇。解者曰："橇形如箕，擿（tī）行泥上。"岂秧马之类乎？作《秧马歌》一首，附于《禾谱》之末云：

春云蒙蒙雨凄凄，春秧欲老翠刿（yǎn）齐。
嗟我父子行水泥，朝分一垄暮千畦。
腰如箜篌首啄鸡，筋烦骨殆声酸嘶。
我有桐马手自提，头尻轩昂腹胁低；
背如覆瓦去角圭，以我两足为四蹄。
耸踊滑汰如凫鹥（yī），纤纤束稿亦可赍（jī）；

何用繁缨与月题，揭（qiè）从畦东走畦西。

山城欲闭闻鼓鼙（pí），忽作的卢跃檀溪。

归来挂壁从高栖，了无刍秣饥不啼。

少壮骑汝逮老鳖，何曾蹶轶防颠挤。

锦鞯公子朝金闺，笑我一生蹋牛犁，不知自有木驶（jué）騠（tí）。

诗歌并引部分详细说明作者写《秧马歌》的缘由及秧马的构造和使用情况，"引"中揭示作者创作一是被"秧马"这种农具所吸引，二是借以表明农书中应重视农具的思想。"春云蒙蒙雨凄凄，春秧欲老翠剡齐"描写在春雨霏霏中，秧苗青翠并已经成熟，农人即将插秧的情景。"嗟我父子行水泥，朝分一垄暮千畦。腰如箜篌首啄鸡，筋烦骨殆声酸嘶"描写农人奋力栽秧的辛苦，为下文写秧马的便利功用埋下伏笔。"我有桐马手自提"至"何曾蹶轶防颠挤"正面写秧马，"我有"四句写秧马的外观及使用，"耸踊"四句写秧马的轻快便利，"山城"四句写秧马的品格：奋力农事，无欲无求。这一部分将秧马当战马写，比喻精当，赋予秧马以灵动鲜活的生命，描写栩栩如生，想象之丰富，笔力之奇肆，令人叹为观止。结尾三句写农夫对秧马的喜爱。贵公子对农民的讥嘲当然属于轻薄，而农夫以自有秧马来反击贵公子的嘲笑，则活画出农夫的诙谐幽默，农夫对秧马的喜爱之情也尽在不言之中。诗作不仅形象真切地描绘了秧马这种古代农具，更重要的是，它体现了诗人对农业生产的一贯关心。有苏轼诗作《秧马歌》，才有曾安止侄孙曾之谨的《农器谱》。苏轼不仅写诗宣传秧马，还亲自安排做成实物，进行示范表演。甚至在他晚年贬斥惠州时，还热情地推广秧马，受到惠州地方官和百姓的热烈欢迎。

苏轼对秧马的歌咏与推广在中国古代农业史上有重要的价值和意义，这当然是由于苏轼继承和发展了中国古代先贤的民本思想，并形成自己的特色，进而在其文学创作中体现的结果。

自苏轼作《秧马歌》并在其后的生活实践中不断推广秧马后，因为他在中国传统文化中的重大影响与意义，后世有关秧马为题材的传统诗文书写就成为中国文化中的一大特色。

古人对于秧马的书写，一方面是对苏轼人格的倾慕及对宋诗的学习。其中的代表人物及作品就是清人郑珍及其《播州秧马歌》并序。郑珍（1806—1864），字子尹，晚号柴翁，贵州遵义人。道光十七年（1837）举人。曾任荔波县训导。治经学、小学。其诗先学苏轼，晚年学杜甫，风格奇崛，时伤艰涩。

《播州秧马歌》与苏轼《秧马歌》相比较（参见曾秀芳《浅论郑珍早年诗歌创作与苏轼的渊源传承关系——以〈秧马歌〉和〈播州秧马歌〉为考察文本》）：（1）诗前同用小序；（2）同咏秧马；（3）同吟咏要素；（4）同吟咏尾声；（5）用同韵；（6）同用典；（7）同发议论。

后人有关《秧马歌》的效法诗作还有清代陈似源《拟东坡秧马歌》、晚清黄道让《秧马歌》等，虽然不像郑珍那样亦步亦趋，但细细分析，从题材、写作手法、用典、结尾、用韵等诸多方面，后人学习苏轼的表征还是极为明显的。而清代著名学者阮元在广州创立的学海堂书院，在文学创作中就专门有《拟东坡秧马歌次韵》等诗，更是后人有意为之的明证。

另一方面，古人对秧马的书写表现了传统统治者与士大夫对农业生产的重视，表达一己对于田园生活的向往。前者的代表为《耕织图》中有关秧马描述的诗歌，楼璹《耕织图·插秧》诗："晨雨麦秋润，午风槐下凉，溪南与溪北，啸歌插新秧。抛掷不停手，左右无乱行，我将教秧马，代劳民莫望。"描述了利用秧马插秧劳作时的情状，可以毫不怠工地抛掷不停，可以极有秩序地左右不乱行。康熙《田家四时词》之一《夏》说："带露叶盈蚕箔，翻云麦熟田家。白水千塍秧马，绿荫几户缲（sāo）车。日午鸣蝉远近，风熏飞燕横斜。男女适均劳逸，相逢只说桑麻。"叙写了夏日田家耕耘的场景，白水绿荫，秧马缲车，风熏日暖，男女劳逸，一派逸淡平和的风光。

　　而表达一己对于田园生活的向往，其中深寓一己情怀来感人的作品则以陆游为代表。他在《春日小园杂赋》中说："市尘不到放翁家，绕麦穿桑野径斜。夜雨长深三尺水，晓寒留得一分花。闷从邻舍分春瓮，闲就僧窗试露芽。自此年光应更好，日驱秧马听缲车。"写自己居家小园春日的风光，远离尘世的喧嚣，桑麦环绕，秧马缲车，声声入耳，一派丰收景象。其《题斋壁》云："稽山千载翠依然，著我山河一钓船。瓜蔓水平芳草岸，鱼鳞云亲夕阳天。出从父老观秧马，归伴儿童放纸鸢。君看此翁闲适处，不应便谓世无仙。"描述乡野田间的风光，孤舟一船，背景是千载翠绿，芳草连天，眼前是田间父老秧马，童稚风筝，作者自认是大上神仙的生活。南宋诗人刘克庄对于民间意象的捕捉、体味与陆游相似，其《乙丑元日口号十首》云："伴壮丁骑秧马出，看儿童放纸鸢嬉。老无忧责庸非福，身是神仙不知知。"同样刻意的是秧马映眼，童稚放飞风筝，身在福中，身似神仙。民国时期杨无恙《分秧》诗云："陂（bēi）塘秧水清，金针三日碧。村娃驾秧马，胜坐绿熊席。布谷头上鸣，快快催春耕。何以乐村娃，鼓吹新蛙声。"叙写的是村娃的分秧劳动情景。以"清""碧""绿"等展现了春天农村的特有色彩和万物复苏的无限生机，驾着秧马，胜坐熊皮座席，既具体描绘了村娃的分秧劳动，也透露出劳动者的欣喜和自豪。后写布谷声声，催促人们加紧春耕，蛙声阵阵，预示着今年将是丰收之年。

如今，随着社会的进步和科技的发展，农村大部分使用机械化插秧和抛秧新技术，由专人在温室里用秧盘育苗，无须再用秧马来扯秧，秧马离我们渐行渐远。但它却见证着古代播种农具的发展，也经历着沧海桑田，它是苏轼笔下对劳动人们的关心与赞美，是中国传统诗文中勤劳和淡泊的象征。

第三章

灌溉农具——水车

一、水车的出现与发展

中国古人很早的时候就懂得用水灌田的知识。石器时代，人们只能用陶罐将水从河里一罐一罐地抱到田里去浇灌庄稼，既费时又费力。经过长期的劳动实践，人们从经验积累中创造了一种名叫戽斗的灌溉工具。戽斗是两边系绳的一个小桶。这种小桶在南方多用木制作，在北方则多用柳条编成。桔槔俗称"吊杆"，是最原始的汲水机械。桔槔发明于商代，春秋时期已普遍使用。《庄子·外篇·天地》有这样的记载：孔子的学生子贡，有一天路过汉水南面的一个地方，见到一个老农，抱着一个瓦罐从井里提水浇菜，方法比较笨拙而且费时费力。瓦罐本身很重，加上容量不大，浇灌的效率肯定不高。于是子贡向老农介绍桔槔装置的方法，就是用一条横木支在木架上，一端挂着汲水的木桶，一端挂着重物，利用杠杆原理汲水，从而节省力量。

当井浅时，可用桔槔向上汲水，但井深时桔槔不适用，于是人们在桔槔的基础上把向上用力改变为向下用力，从而造出滑车。成都扬子山出土的汉砖上及成都站东乡出土的汉陶井模型上边都有滑车的装置。后来人们又发明了辘轳。辘轳的起源也是非常早的。据明代《物原》记载："史佚始作辘轳。"史佚是周代初期的史官，说明早在3000年前的周早期，就发明了辘轳并应用于农业灌溉。辘轳是在井上搭一个架子，架起一根横轴，轴上套一个长筒，筒上绕一根长绳。绳的一端挂一个水桶，长筒头上装一个曲柄，摇动曲柄，绳就在筒上缠绕或松开，绳端的水桶也就会吊上来或放下去。这样从井里打水，比用手提自然省力。但用辘轳向上提水，无论是单辘轳还是双辘轳，只能

戽斗图

桔槔图

东汉武梁祠桔槔图

辘轳图

是间歇工作,汲水的效率仍然低下。中国古人发明了水车来解决这一问题。

水车的发展大致有翻车与筒车两个阶段(**此外还出现刮车等灌溉农具**)。《后汉书·张让传》载:"中平三年(186)又使掖庭令毕岚……作翻车、渴乌,施于桥西,用洒南北郊路,以省百姓洒道之费。"唐李贤注云:翻车,设机车以引水;渴乌,为曲筒,以气引水上也。翻车有的地方叫水龙,有的地方叫龙骨车,有的地方叫踏车,有的地方叫水蜈蚣,有的地方叫水车,但其最初无疑称为翻车。后来三国时魏人马钧也造过翻车。《傅子》载:"马先生钧,天下之巧

脚踏翻车（《王祯农书》）

脚踏翻车
（《天工开物》）

刮车（《王祯农书》）

人力翻车
（《天工开物》）

牛转翻车（《王祯农书》）

牛转翻车（《天工开物》）

水力翻车（《天工开物》）

者也。……居京都，城内有地，可以为园。患无水以
溉之，乃作翻车，令童儿转之，而灌水自覆，更入更出，
其巧百倍于常。"翻车根据动力又可分为人力、畜力、
水力、风力翻车。根据《王祯农书》的记载，人力翻
车的形制是用木板做一个长约两丈、宽四到七寸、高
约一尺的木槽，在木槽的一端安装一个比较大的带齿
轮轴，轴的两端安装可以踏动的踏板，在木槽的另一
端安装一个比较小的齿轮轴，两个齿轮轴之间装上木
链条（即所谓龙骨），木链条上拴上串板。这样，灌
溉农田的时候，把木槽的一端连同小齿轮轴一起放入
河中，人踏动大齿轮轴上的踏板，就可以使串板在槽
里运动，刮水向上。它的工作原理类似现在自行车的

水转筒车（《王祯农书》）　　　驴转筒车（《王祯农书》）

链条，运用了齿轮和链的机械传动结构，连续把水从低处带到高处灌溉农田。其他翻车与脚踏翻车结构相同，只不过安置地方、使用动力不同而已。

水车的发展到了唐宋时代，由于在轮轴应用方面有很大的进步，能利用水力为动力，因此出现了筒车，配合水池和连筒可以做到低水高送。不仅功效更大，同时节约了宝贵的人力。根据筒车所用的原动力，可分为水转筒车、驴转筒车和高转筒车。根据王祯的描述，水转筒车的外形像一个巨大车轮，周围系有许多竹筒，依靠水流推动轮转。筒车的制作和架设要有一定的水文环境，转轮须高于河岸，否则不能将水送到高处的水渠或田地之中；还要有足够的水力冲激。架设筒车最好选

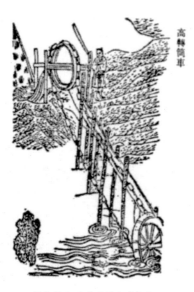

高转筒车（《王祯农书》）

择水势陡急之处，使水流急速下泻冲击水轮受水板，带动水轮运转，通过轮子外周绑缚的一圈竹筒或木筒的次第升降，将水提到高处。若要在水力不足之处使用筒车，必须设栏拦水或垒石束水，以增强水力，冲激水轮。驴转筒车的动力及传动部分，则与牛转翻车完全相同。高转筒车可以用人力踏动，传动系统如同脚踏翻车；也可用畜力牵拉，传动系统如同牛转翻车。高转筒车应该是翻车与筒车的综合装置，高转筒车适合更高的地形，但因筒索要比龙骨长，结构比较庞大，制作和架设都比较困难，受地形制约大。

　　到了元代，人们不仅使用人力，还充分利用水力和畜力，轮轴的发展也更进一步。元明之后，中国水车的发展便再没有多少突出的成就了。

二、中国传统文化中的水车

　　正因为古人认为水车在农业生产中能够解除旱灾，拥有了像龙一样图腾般的力量，水车就成为中国传统诗文中极为重要的意象。作者或表现出对水车的认识与赞叹，或表现出对田园生活的向往，抑或表达对民间疾苦的体认。

　　在古人的文章中，较为著名的有唐人刘禹锡的《机汲记》和陈廷章的《水轮赋》，都形象地描绘了水车的外形、运行与功能。从文献记录、保存的角度而言，他们对水车的描述给后人留下了重要的文献资料；从文学作品的角度来看，也写得神采飞扬，有利于人们深入地认识这种新型的灌溉农具。北宋范仲淹曾作《水车赋》，对水车进行了细致的描写，甚至把水车救荒抗旱的功用与扬清激浊的社会正义相联系，益发推重其作用。其后明代的文坛领袖李梦阳、何景明也分别作有《水车赋》，对水车进行歌咏。

　　与上述基调相吻合，中国古代的士大夫在诗歌创作中对于所见的水车也基本上都是以赞叹的语气出之。杜甫《春水》诗中说："三月桃花浪，江流复旧痕。朝来没沙尾，碧色动柴门。接缕垂芳饵，连筒灌小园。已添无数鸟，争浴故相喧。"后人注杜甫诗"连筒灌小园"就是"川中水车如纱车，以细竹为之，车骨之末，缚以竹筒，旋转时低则留水，高则泻水"，是对唐代四川水车功效的暗自赞叹，还隐藏在美丽的田园景致之中。北宋梅尧臣《和孙端叟寺丞农具十五首其十二水车》诗云："既如车轮转，又若川虹饮，能移霖雨功，自致禾苗稔。上倾成下流，损少以益甚，汉阴抱瓮人，此理未可谂（shěn）。"又云："孤轮运寒水，无乃农者营，随流转自速，居高还复倾。"北宋末年李处权说："吴侬踏车茧盈足，用力多而见功少。江南水轮不假人，智者创物真大巧。一轮十筒挹且注，循环下上无时了。……"更是具体、形象、生动地表现出筒车的优越之处。南宋诗人赵蕃的《激水轮》说："两岸多为激水轮，创由人力用如神。山田枯旱湖田涝，唯此丰凶岁岁均。"所描绘的水转筒车更为传神，认为不论是干旱的山地还是涝洼的水田，只要这"用如神"般的筒车转动起来，就可以保证岁岁丰收。

　　除过古人对水车外形、工作及功效的描写外，在感情上，古人对水车的言及也自然地流露出对田园生活的向往。北宋王安石在《独归》中就说："钟山独归雨微冥，稻畦夹冈半黄青。疲农心知水未足，看云倚木车不停。"以眼前的微雨稻青黄的场景与水车来映衬，表现生活中的田园之趣。南宋范成大的诗《梅雨五绝》则云："梅雨暂收斜照明，去年无此一日晴。忽思城东黄篾舫，卧听打鼓踏车声。"形象地描写了梅雨季节时天无一日晴，汛情告急，在鼓点的催促下，踏车四起的情景，仿佛地头的劳作也不觉辛苦，而是充满了生活的乐趣。南宋陈与义《水车》云："江边终日水车鸣，我自平生爱此声。风月一时都属客，杖藜聊复寄诗情。"在《罗江二绝》其一中云："荒村终日水车鸣，陂北陂南共一声。洒面风吹作飞雨，老夫诗到此间成。"作者的情感已完全融入了田园风光之中，江边终日不绝的哑哑水车声，就是自己聊寄诗情的由头，是自己诗作成熟老练的弥合剂。

因为水车为民间生活最为重要的农具之一，作为古人诗文中的重要意象，每每提及，难免不触动古代士人心中那最为脆弱的神经——对于民间疾苦的关照。陆游在《闵雨》中就说："黄沙白雾昼常昏，嗣岁丰凶讵（jù）易论。寂寂不闻秧鼓劝，哑哑实厌水车翻。粟囷（qūn）久尽无遗粒，泪席尝沾有旧痕。闻道忧民又传诏，苍生何以报君恩？"就像自然间的白昼与黑暗交替一样，民间困苦常有。农民一年的辛劳，换来的就是谷仓里颗粒不剩，哑哑的水车翻转声自然听起来实在令人厌恶，百姓的赋役征收实在太过沉重了。范成大《四时田园杂兴》云："下田戽水出江流，高垄翻江逆上沟；地势不齐人力尽，丁男常在踏车头。"也在诗中说了农民生活的艰辛，一年常在水车之上，不得休息。诗作第一句说的是排涝，第二句说的是灌溉抗旱，最后两句说明车灌生活的艰辛。明代诗人童冀《水车行》云："零陵水车风作轮，缘江夜响盘空云。轮盘团团径三丈，水声却在风轮上。大江日夜东北流，高岸低坼（chè）开深沟。轮盘引水入沟去，分送高田种禾黍。盘盘自转不用人，年年只用修车轮。往年比屋搜军伍，全家载下西凉府。十家无有三家存，水车卧地多作薪。荒田无人复愁旱，极目黄茅接长坂。……一车之力食十家，十家不惮勤修车。但愿人常在家车在轴，不忧禾黍秋不熟。"写战争给百姓带来的深重苦难。因为要躲避战乱，百姓逃亡，田地荒芜，原来日日喑哑的水车也卧地作薪，作者希望水车能够再次运转起来，那么人民的生活自然也有了保障。

第四章

加工农具——杵臼

一、杵臼的形制及发展

人类进入农业文明之后，以谷物为主要食物，由谷得米。人们把带糠皮的谷粒放在比较平坦的石头上，用手拿较小的石棒反复搓动去皮，是为最早的石磨盘与碾棒。

随着文明的进展，古人为给谷类脱壳去皮，逐渐发明了杵和臼。最为原始的杵臼就是在地面挖一凹槽（后来是在木头或大石块上凿一凹槽），然后把谷粒放在槽中，用一下部呈椭圆形的木棒连续不断地舂捣，最后就可得米。从考古发现来看，新石器时期的遗址中就曾经发现地臼、石臼和石杵等物。关于杵臼的出现，中国古代有着不同的说法。《易经·系

兰州华林山出土的石磨盘与碾棒

四川西昌出土的石器时代的石臼

江西宁都出土的宋元石臼

辞下》说："神农氏没，黄帝、尧、舜作……断木为杵，掘地为臼，杵臼之利，万民以济。"又《世本》说："雍父作杵臼。"宋衷注："雍父，黄帝臣也。"《说文解字》亦说："古者雍父初作舂。"但《吕氏春秋·审分览·勿躬》说："赤冀作臼。"说明杵臼的出现与耒耜相同，均为不同时期、不同人物集体智慧的结晶，后世以此来攀附于某人。直到今天，中国民间还可以见到各种各样的杵臼，就是城市现代化的厨房里，还在使用杵臼制作某些特制食品。

到了汉代，除了广泛使用杵臼之外，开始出现碓。碓就是杵臼的进一步

杵臼图（《王祯农书》）

杵臼（《天工开物》）

发展。《王祯农书》说："碓，舂器，用石。杵臼之一变也。"碓的功用与杵臼完全相同，就是为了舂米而设，只不过使用的动力由之前的纯粹人力发展为借杠杆与人力相结合。东汉桓谭在《新论》中就说："宓牺之制杵臼，万民以济。及后人加巧，因延力借身重以践碓，而利十倍。杵舂又复设机关，用驴骡牛马及役水而舂，其利乃且百倍。"踏碓就是用脚踏动杠杆的一头，以此借用身体的体重作下压的力量，随着脚的松开，杵头就自然下落地舂下去。其后出现的畜力碓、槽碓、水碓及连机水碓，其原理均相同，只不过是把人力替换为相应的畜力、水力，再实地考虑畜力、水力的位置而已。

东汉画像砖踏碓图

踏碓（《授时通考》）

宋壁画踏碓图

堋碓（《授时通考》）

槽碓（《王祯农书》）

水碓（《授时通考》）

二、中国传统文化中的杵臼

因为杵臼在古人日常生活中的重要作用，古人就直接以杵臼起名，如齐景公就名为杵臼，宋昭公叫杵臼，陈宣公名杵臼，春秋时晋国有著名的公孙杵臼……

首先，杵臼与中国最古老的民歌"相"的出现也有密切的关系。古人在繁重、枯燥、单调的舂捣过程中，为了提高劳动热情，减轻疲劳，创造了一种歌曲，伴随舂杵捣谷的声音和节拍进行演唱，这就是杵歌，古代称之为"相"。据说"相"在周代已经广泛流行，《礼记·曲礼上》说："邻有丧，舂不相。里有殡，不巷歌。"郑玄注："相，谓送杵声。"到了唐代，刘恂（xún）《岭表录异》记载："广南有舂堂，以浑木刳（kū）为槽，一槽两边约十杵，男女间立，以舂稻粮。敲磕槽舷，皆有遍拍，槽声若鼓，闻于数里……"可见在唐代这种早期伴随劳作而产生的民歌在民间仍有流传。元末文学家杨维桢曾作《杵歌》七首，其在诗前序中说："杭筑长城，赖办章仁令两郡将美政洽于民心，以底不日之成。然役夫之谣，有不免凄苦者，东维子录其辞为《杵歌》。"

其次，作为古代农家必备的农具，杵臼舂米的画面对古人来说是司空见惯的，而杵臼舂米无疑最容易令人想起耕作的不易，舂米时简单、连续、反复的动作又极易令人劳累而厌烦，故而杵臼及其舂的动作在中国传统诗文中就成为反映民瘼的一种意象，进而甚至于用杵来洗衣也被附加上了特殊的意味。汉乐府《十五从军征》就借一位长年从军在外征战的农民表现了这一点，诗云："十五从军征，八十始得归。道逢乡里人，家中有阿谁？遥望是君家，松柏冢累累。兔从狗窦入，雉从梁上飞。中庭生旅谷，井上生旅葵。舂谷持作饭，采葵持作羹。羹饭一时熟，不知贻阿谁。出门东向望，泪落沾我衣。"诗作描写了一个老兵回乡后所面临的人亡家破的悲惨情景，反映出战争给人民带来的深重苦难。唐代李白在《宿五松山下荀媪家》中说："我宿五松下，寂寥无所欢。田家秋作苦，邻女夜舂寒。跪进雕胡饭，月光明素盘。令人惭漂母，三谢不能餐。"只因为夜宿五松山，吃了农家女寒夜舂制的新米而感慨民间生活的不易。北宋词人贺铸有《杵声齐》，云："砧面莹，杵声齐。捣就征衣泪墨题。寄到玉关应万里，戍人犹在玉关西。"是词人《古捣练子》组词中的第三首,描写一位征人的妻室,捣练帛,做征衣,日复一日,年复一年,那面砧石已经被磨得光莹平滑,但自己日思夜想的爱人却归来无望。自己捣练制衣的目的是寄给远戍边关的丈夫,而在题写姓名、附寄家书之际,一想到丈夫远在万里外,归期渺茫,生死难卜,今世今生,相见无日,不禁愁肠千转,泪随墨下。表现了战争给普通人家带来的深痛悲剧。南宋戴复古《庚子荐饥》诗云:"杵臼成虚设,蛛丝网釜鬶(xín)。啼饥食草木,啸聚斫山林。人语无生意,鸟啼空好音。休言谷价贵,菜亦贵如金。"用白描手法直陈事实,细节性地再现民间灾荒的惨状,更写出了农民被迫啸聚山林的严重后果。全诗直陈其事,激愤之情,溢于言表。清朝居鲁在诗中也描绘了几个小女子深夜舂米而哽咽于竹林之中的悲凉情景:"杵臼轻敲似远砧,小鬟三五夜深深。可怜时办晨炊米,雪磬霜钟咽竹林。"反映了现实生活的艰辛。

第三,声声入耳的舂米声,在有些士人大的耳中也会成为其玄想美好田园生活的象征,成为其表达归隐思想的一种体现。唐代诗人张籍在《太白老人》诗中说:"洞里仙家常独往,壶中灵药自为名。春泉四面绕茅屋,日日唯闻杵臼声。"就是把随时可闻的杵臼声作为自己对田园生活向往的标识。在这一方面，南宋诗人陆游描述的就更多。他在《书喜》（其四）中说："攲（qī）斜古屋枕江干，恩赐残骸许挂冠。杵臼有声聊足食，羊牛识路自归阑。不求客恕陶潜醉，肯受人怜范叔寒？儿辈渐还家暖热，预知灯火话团栾。"《即事》中说："我爱湖山清绝地，抱琴携鹤住茆（máo）堂。药苗自采盘蔬美，菰（gū）米新春钵饭香。南浦风烟无限好，北轩雷雨不胜凉。旧交散落无消息，借问黄尘有底忙？"诗人语句简练清楚，不施粉黛，如水墨山水画般清楚明了地表现出自己对田园生活的渴望。南宋范成大的《田家留客行》则描绘了农民用木臼新春成的雪花似的白米热情招待来客的生动场面："行人莫笑田家小，门户虽低堪洒扫。大儿系驴桑树边，小儿拂席软胜毡。木臼新春雪花白，急炊香饭看来客。好人入门百事宜，今年不忧蚕麦迟。"另外一种典型的表现就是对杵臼声声进行描述，以此来直接表现对于农家田园生活的肯定与赞美。明代诗人邝璠（fán）有诗云："大熟之年处处同，田家米臼弗停春。行到前村并后巷，只闻筛簸闹丛丛。"对田家杵臼不停进行了具象化的表述，以此来体现丰收的场景。清代康熙题《耕织图·春碓》诗云："秋林茅屋晚风吹，杵臼相依近短篱。比舍春声如和答，家家篝火夜深时。"在叙写杵臼春米之时，也不忘表现农事的艰辛和生民的不易。

第四，杵臼舂米的动作在后世也被赋予了一些新的象征意义，由杵臼而发展出了一些习惯用语，在后世的文献中被广泛使用。西汉刘向《列女传·周南之妻》中有："家贫亲老，不择官而仕；亲操井臼，不择妻而娶。"《后汉书·冯衍传》："儿女常自操井臼。""亲操井臼"就成为后世流行的典故，"井臼"是指到井边提水、以臼舂米，意谓亲自操持家务。唐代段成式《酉阳杂俎·梦》有："贾客张瞻将归，梦炊于臼中，问王生。生言：'君归，不见妻矣。臼中炊，固无釜也。'贾客至家，妻果卒已数月。"无釜，谐音"无妇"。成语"炊臼之戚"，比喻丧妻之痛。明人李东阳《与顾天锡书》有："令兄太守公行，不及躬送，闻有炊臼之戚。"又"杵臼之交"指不计身份、贵贱而结交朋友。据《后汉书·吴祐传》记载，吴祐二十岁的时候，父亲去世，家里贫穷，但他仍一心求学，常常一边放猪一边读书。人们见他如此刻苦读书，劝他别放猪了，说："你爸爸原是个不小的官，你怎么放猪呢？"但吴祐矢志不移。后来吴祐主政于新蔡。一次，有个叫公沙穆的学士想去京城求学，可苦于既无钱又无粮，只好脱下长袍马褂，准备替人帮工。巧合的是，正巧吴祐家请了他去舂米。吴祐见他气度不俗，和他聊了起来。谈话间吴祐不禁大吃一惊，想不到眼前这位佣人学识竟如此渊博，于是，两人置雇主与佣人的关系于不顾，而"定交于杵臼之间"。《聊斋志异·成仙》中也有记载："文登周生，与成生少共笔砚，遂订为杵臼交。而成贫，故终岁常依周。"

　　杵臼作为加工农具，是中国先民们集体智慧的结晶。现在看来，用杵臼及碓来给谷物脱粒无疑极为简单，但它们的发明与出现伴随着中国农业文明的进步，是古人生活水准进步的见证者，在古人的生活中具有极为重要的意义。

第五章

加工农具——连枷

一、连枷的出现与形制

连枷，是中国一种传统的手工脱粒农具，由手柄及敲杆构成，材料多因地制宜，以竹竿、木棍为材，以条革或麻绳编成木排。工作时，操作者持柄使敲杆绕短轴旋转，不断敲击铺在地面上的作物穗荚，使之脱粒。整体设计轻巧便捷。连枷的出现无疑极为久远，甲骨文中的谷就写作"𥝆"，意思是用连枷敲打的稻实（参见徐云峰《试论商王朝的谷物征收》）。至晚在春秋时已得到广泛应用。《国语·齐语》记载，春秋时齐国管仲向齐桓公建议有关农业方面的国策时，曾说："令夫农，群萃而州处，察其四时，权节其用，耒、耜、枷、芟。"所提到的"枷"就是连枷。东汉刘熙《释名·释用器》说："枷，加也，加杖于柄头，以挝（zhuā）穗而出其谷也。""枷"是被列为十大农具之一的。

汉代之后，连枷的使用更为普遍。魏晋时期甘肃河西嘉峪关墓壁画里，就有农夫在场圃上手持连枷向禾堆拍打的形象。连枷设计的最大特点是结构上拥有两节，靠摆（huàn）轴结构相连。
与单棒击打脱粒工具相比，连枷能
充分利用离心力，易于提高击打力
度，使击打更富于弹性。因为当
敲杆碰到阻碍时，速度自然减缓，
在让谷物脱粒的同时，减小了谷物
被击碎的概率。发力部件（**手柄**）
和击打部件（**敲杆**）为两部分，减
轻了发力手臂与击打对象的正面撞
击，宜于缓解劳动者的疲劳。手柄
与敲杆的"分工"，也宜于强化其
各自的性能：手柄可以尽量做得适
合手控；敲杆则可以扩展扑打面，
以提高扑打效率。敲杆以摆轴为圆
心转动，只要敲打技巧得当，敲杆
可调整呈各种角度来进行击打。待
击打的谷物不必铺于特定位置，一
般铺于地面即可。这既宜于谷物击
打前充分晾干，也便于击打后扬场。

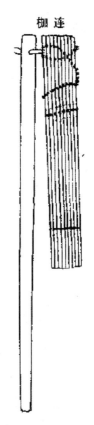

连枷（《授时通考》）

连枷也适于低频率的扑打，从而强化了扑打的节奏感，
宜于劳动者群体合作。连枷的这些功能优势使它适合
众多谷物的脱粒。《天工开物·粹精第四》记载："凡

甘肃嘉峪关魏晋墓壁画

打豆枷……，铺豆于场，执柄而击之。凡豆击之后，用风扇扬去荚叶，筛以继之，嘉实洒然入廪矣。"说明在明代，连枷尤其多用于豆类的脱粒和扬场。（参见廖晨晨《中国古代连枷设计刍议》）

关于连枷的演变过程，刘义满通过对中国8个少数民族的农业脱粒工具的调查，认为连枷的发展过程为：竹片→现代连枷；独木棍→弯棍→单棒枷→现代连枷。（参见刘义满《小议连枷》）

打枷图（《天工开物》）

打枷图（《授时通考》）

二、中国传统文化中的连枷

在中国传统文化中，连枷这一民间劳作常用的农具被赋予了两个方面特别的意思。

首先，在中国传统诗文中，与中国正统的文化相一致，连枷意象在士大夫笔下被用来表达收获的喜悦、农民生活的辛劳以及田园风光的美好。最有代表性的莫过于范成大的《四时田园杂兴》，其诗云："新筑场地镜面平，家家打稻趁霜晴，笑歌声里轻雷动，一夜连枷响到明。"在平如镜子的场圃上劳作整夜，连枷声里伴随着的是悦耳的欢笑声，是对农民在秋日收获的喜悦图绘。

南宋《耕织图》的作者楼璹在《持穗》诗中吟唱道："霜时天气佳，风尽木叶脱，持穗以此时，连枷声乱发。黄鸡啄遗粒，乌鸟喜聒聒。归家抖尘埃，夜屋烧榾（gǔ）柮（duò）。"以场圃边的黄鸡、乌鸟来衬托，以细节性白描的笔触勾勒农家收获之时的幸福。明初著名诗人高启在《打麦词》中说："雉雏高飞夏风暖，行割黄云随手断。疏茎短若牛尾垂,去冬无雪不相疑。场头负归日色白,穗落连枷声拍拍。呼儿打晒当及晴,雨来怕有飞蛾生。卧驱鸟雀非爱惜,明年好收从尔食。"描述就更为细腻生动,作者设想农民的丰收心态,急急唤小儿帮忙趁着天气晴好打、晒,驱赶鸟雀,并不是舍不得粮食,担心鸟雀啄食,而是希望明年也有个好收成,鸟雀再来就食。这些士大夫描摹的连枷收获图,无疑表达了作者对农村田园风光的欣赏,渴慕接近自然、回归自然的愿望。历代皇帝秉承以农立国的国本,都极为重视农事。关于场圃连枷的有康熙题《耕织图·持穗》诗:"南亩秋来庆阜成,瞿瞿未释老农情。霜天晓起呼邻里,遍听村村打稻声。"雍正题《耕织图·持穗》诗云:"力田欣有岁,晒稻喜晴冬。响落连枷急,尘浮夕照浓。鼠衔犹畏懦,鸡啄自从容。幸值丰亨世,尧民比屋封。"也曾绘制过《耕织图》的清人何太青也有诗曰:"茅屋发枷响,连村忙掇拾,散地尽珠玑,辛苦是粒粒。"诗作虽然不免于台阁之气,对民间疾苦无所涉及,但描绘农民用连枷喜打新粮,自也有其重视农业、亲民爱民的一面,同时也在告诫人们粮食是来之不易的,应该多加珍惜。

其次,鉴于其高效的击打力,连枷不仅可以充当优良的脱粒工具,还可以延伸为武器使用。连枷在中

国传统文化中与武器有着紧密的联系，是中国传统兵器双节棍的渊源。（参见章舜娇、林友标《击节连枷——双节棍渊源考》）

一、连枷最早应用于军事作战的记载始于东周，至汉代已相当普及，祭祀用的"连枷舞"，已具备套路运动的雏形。二、宋代是 连枷发展完善的时期，专门应用于军事上的"铁链夹棒"逐步代替了生产劳动工具的连枷，"夹棒"之类杂剧的盛行，推动了套路运动的发展。三、元代"夹棒"的演练更趋于艺术化，配乐形式的运动相继出现。四、明代的 "夹棒"已真正成为武术的器械之一，并且出现了相应的武术流派。五、连枷之于清代，用以展现皇权的威仪，遑论"兵"或"农"，历史地位最高；另外，从军队的武器配备来看，汉人对连枷使用可能更加习惯和便利。

连枷早在东周时期已经应用于军事上。《墨子》卷十四《备城门》："二步置连挺、长斧、长椎各一物；枪二十枚，周置二步中。"这里的"连挺"即是一种类似于连枷的武器，可用作城墙上的防守武器，用于击打爬城的敌兵。

明代朱载堉（yù）撰《乐律全书》卷四十一收录的《灵星小舞谱》，详细地描述了汉代祭祀舞蹈的内容、方法和程序，可以窥视出连枷在当时的地位："《灵星队赋》：灵星雅乐，汉朝制作。舞象教田、耕种、收获、击土、鼓吹、苇钥，时人皆不识，呼为村田乐。乐器不须多，却宜从简便。……童男十六人，两两相对舞，手持各执事。从头次第数：第一对教芟除，手执镰舞；第二对教开垦，手执镢舞；第三对教栽种，手执锹舞；第四对教耘耨，手执锄舞；第五对教驱爵，手执竿舞；第六对教收获，手执权舞；第七对教舂杮，手执连枷舞；第八对教簸扬，手执木枚舞。""第七对，用童男二人，象教舂杮，执连枷。舞四转，共计三十二势。转初，转半，转周，转过，转留。伏睹仰瞻回顾。"此处记述的汉代祭祀用的"连枷舞"，已具备套路运动的雏形。

北宋军事家曾公亮编著的《武经总要》，其中有些条目与连枷有关，尤其在使用的时机和方法上有详尽的载述。如："凡筑城为营每百步置一战楼，五十步置旋风炮一具，每三尺置连枷棒一具。""若登者渐多，则御以狼牙、铁拍手。渐攀城，则以连枷棒击之，锉手斧断之。"新材料"铁"的引入，使这一工具的军事特征更加明显，被称为"铁链夹棒"。该书还附有"铁链夹棒"的图式，"夹棒"的称谓也就在宋代开始。也是在其时，"双节棍"的技术演练水平到达一定的高度，乃至官办的教坊也将"夹棒"以杂剧的形式，吸收为表演节目。

"铁连枷"还被誉为便于使用的短兵器之一，有使用兹种兵器而闻名遐迩的骁勇将军，一为吴遘，另一为狄青，他们成功的战例成为后世研究连枷的佐证。

延至元朝，民间

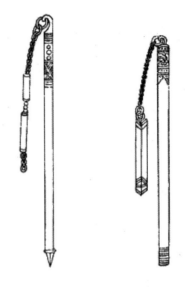

铁链夹棒（《武经总要》）

"武备"受当局的压制，连枷在遗存的史料中，多数是展现其"农"的一面。

明代对民间习武的态度有所松动，促进了武术的发展和繁荣。"夹棒"自然成为必不可少的武术器械。在现存的明代踏青风俗画中，可以见到当时民间艺人演练长柄连枷棍的形象，说明至少在明代已被民间武艺所吸收。而保存在朝鲜古籍中的连枷谱可以为我们提供中国古代连枷这一武器的演进。

清代一方面严格控制民间武装，另一方面大力

明代踏青风俗画中的连枷表演（马明达《说剑丛稿》）

朝鲜《鞭棍谱》图势（马明达《说剑丛稿》）

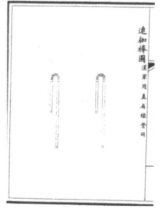

朝鲜《马上鞭棍谱》图势（马明达《说剑丛稿》）

汉军左右双持连枷棒（《大清会典》）

发展壮大国家军队。连枷是武库的必备器械，而且用来展现皇权的威仪。八旗军的武器配给，实行等额分配。《大清会典》卷九十六："汉军每佐领下，鹿角一，连枷棍四。"《大清会典则例》卷一〇八："前列汉军火器营，连枷棍二十。""汉军鸟枪营，连枷棍一百六十。""汉军骁骑火器营，连枷棍二十。"

　　在冷兵器时代，大量的军事武器来源于日常生活中的生产劳动工具。考察连枷的发展脉络，同样能够清楚地反映出古代生产劳动和军事战争的复合关系。

第六章

加工农具——磨

一、磨的起源和发展

磨，即"石转磨"，是加工谷物的重要农具，具有两大特点：一是这种工具从古到今均为石材制作，从来没有其他材料做的磨，为此，常在"磨"字之前冠以"石"字，使人们容易想到，这是一种用石头制作的研磨工具；二是工作时一定要"转"，既不是往复运动，也不是上下运动，于是又在"磨"字之前冠以"转"字。

磨是用两块凿有交错麻点的石盘组成的农具，用来加工食物，去壳或粉碎，能对谷加工而得米，对麦和豆加工而得面。千百年来，磨和碓并驾齐驱，一直是谷物加工农具的主力军。磨发明于春秋战国之际，相传是鲁班发明。《古史考》载："公输班作硙（wèi），今以砻谷，山东谓之硙，江浙谓之砻，编木附泥为之，可以破谷出米。"硙是磨最早的称呼，后来到汉代才叫磨。鲁班原名公输般、公输班，因为他是鲁国人，所以又叫鲁班。他生活在春秋战国之际，正是社会大变革的时代。这一时期，人们要吃豆粉、麦粉，都是把豆、麦放在石臼里，用杵来捣。用这种方法很费力，捣出来的粉有粗有细，而且一次捣得很少。鲁班想找一种用力少、收效大的方法。他用两块有一定厚度的扁圆柱形的石头制成磨扇，下扇中间装有一个短的立轴，上扇中间有一个相应的空套，两扇相合以后，下扇固定，上扇可以绕轴转动。两扇相对的一面，留有一个空膛，叫磨膛，膛的外周制成一起一伏的磨齿。上扇有磨眼，使用的时候，谷物通过磨眼流入磨膛，均匀地分布在四周，被磨成粉末，从夹缝中流到磨盘上。

我国石磨的发展分早、中、晚三个时期。

从战国到西汉为早期，这一时期的磨齿以凹坑为主流，坑的形状有长方形、圆形、三角形、枣核形等，且形状多样，极不规则。石磨的发明，战国时期具备了三个条件。一是社会的需要。《中国农史稿》中说："战国时在黄河流域以菽、粟生产为主要，至前汉时则以粟、麦为主要。"《中国农业科学技术史稿》中认为："春秋战国时期大豆和麦类在粮食作物中的比重上升，黍的地位下降，菽、粟成为主粮。"可以说，由于粮食结构发生了变化，大豆和小麦成为春秋战国及秦汉时期的主要粮食品种，是促进石磨发明和发展的主要因素。二是人们已经在多方面受到相应的启迪。当时的人们使用石磨棒、石磨盘等加工谷物出粉、出浆，已经见到了将谷物搓碎或捣碎成粉的现实，从而去思考、设计出更有实用价值的制粉、制浆工具。三是具备了石磨需要的工具和技术。人们在漫长的石器时代，不仅积累了大量的、成熟的加工石料的技术，而且对石材本身也有了相当的认识。在没有金属的石器时代，已经能加工出许多精美的石器和玉器。在人们掌握了冶铜技术并制造了斧、凿之后，石器加工的手段得到极大的改善和提高。石磨发展到汉代已经达到相当成熟的程度，在考古中不仅发现了秦汉时代大量的实用石转磨文物，而且出土了很多模型，这都说明在秦汉时石磨的实用价值及社会地位是很高的。这个时期的石磨有一个共同特点：上扇凸起，外观呈凸字形，凸起的部门内腔形成一对半圆形、具有一定容积的贮粮漏。秦汉之际菽、

石磨（汉代）

麦及粟与人们的生活息息相关，制造和改进加工菽、麦及粟的农具也是人们关心的问题，亦是十分迫切需要解决的问题，这是石磨在秦汉进一步发展的思想和物质基础。

东汉到三国为中期，这时期是磨齿多样化发展时期，磨齿为辐射型与分区斜线型，有四区、六区、八区型。石磨发展的早期是幼稚阶段，磨点基本上是凹坑形，其缺点是粉末不能迅速外流，磨眼容易堵塞，粮食颗粒常常滞留于凹坑内或随之外流。到了中期，

陶磨（汉代）

发展多样而且成熟。这一时期（**东汉**）出现了砻磨。砻磨是转磨的另外一种形式。二者功能不同，转磨用于粉碎，砻磨用于脱壳。砻磨是由硬木与老竹片结合制成的磨齿、竹篾编织的漏斗等组成，是一种专门用来去掉稻谷壳的农具，工作原理与石磨相仿。为了节省石材、降低成本，砻磨通常用竹子或者木头制造。在砻的碾磨面，一般都刻有发散状的凹槽，这样一方面可以加大碾磨的摩擦力，另一方面可以使得碾磨后的糙米顺着凹槽流泻出来。

晚期是从西晋至隋唐，这一时期是石磨发展的成

砻磨砻米

熟阶段，磨齿主流为八区斜线型，也有十区斜线型。到唐代，以水力作为动力的加工农具已被普遍使用。水磨就是以流水作动力的石转磨，唐代已经十分盛行。

　　磨有用人力的，还有用畜力和水力的。秦汉时期，随着生产力的发展和人口的增长，特别是城市人口的增长，人力磨已经不能满足粮食加工的需要，不能适应当时社会的发展。在这种情况下，就产生了畜力磨。用水力作为动力的磨，大约在晋代就发明了。水磨的动力部分一般是一个卧式水轮，在轮的立轴上安装磨

人力推磨图

的上扇，流水冲动水轮带动磨转动，这种磨适合于安装在水的冲力比较大的地方。假如水的冲力比较小，但是水量比较大，可以安装另外一种形式的水磨：动力机械是一个立轮，在轮轴上安装一个齿轮，和磨轴下部平装的一个齿轮相衔接。水轮转动，就会通过齿轮使磨转动。这两种形式的水磨，构造比较简单，应用很广。水磨已基本上具备了机器的要素：它的发动机就是利用河渠的水流，配力机是齿轮动轴等，磨扇就是工具机。用来推转水磨的原始动力，已不是人力和畜力了，而是自然力——水力，因而它可以日夜不

水磨

停地转动，效率远胜于人力磨和畜力磨。这里要说明的是，汉以前的文献中没有提到碾，南北朝以后才磨、碾并提，所以碾的出现比磨要晚。用水力转动的碾称为水碾，原理同水磨一样，也是利用水力冲动卧轮或立轮。

驴转石碾图

二、磨对中国人饮食方式的改变

　　磨的发明对中国人膳食的影响深远而且巨大。由于它的使用，中国北方的大部分人口由"核食"转至"面食"，丰富了膳食结构，改善了饮食条件，饮食更科学更健康，同时也促进了小麦种植面积的大幅度增加。石磨的用途主要有两个，一是将粮食加工成颗粒或粉面，二是将粮食加工成流质的浆类，诸如麦浆、米浆、豆浆之类。拿石磨磨制的小麦粉来说，既可做馒头、面条、饺子皮，也能制作饼及其他多种多样的面食。就拿制饼来说，古人已总结过制饼的经验，阐述过饼的制作方法，其名称就有 14 条之多。

　　秦汉之际，石磨是加工小麦成粉的重要工具之一，也用于加工流质品。豆的食用在汉代也十分普及，豆饭、豆粥、豆羹、豆芽以及用豆制作的酱料在农家特别是中原百姓的家里是正常年景的常用食品。这一时期，淮河流域的农民已使用石磨。农民把米、豆用水浸泡后放入石磨内，磨出糊糊摊在锅里做煎饼吃。煎饼加上自制的豆浆，是淮河两岸农家的日常食物。农民种豆、煮豆、磨豆、吃豆，积累了各种经验。后来，人们从豆浆久放变质凝结这一现象得到启发，终于用原始的自淀法创制了最早的豆腐。

关于豆腐的起源，南宋时就有豆腐始于西汉淮南王刘安的说法。明朝罗顾在《物原》中提到"刘安做豆腐"。李时珍在《本草纲目》中也说："豆腐之法，始于汉淮南王刘安。"也有学者认为豆腐起源于唐末或五代时期。

到了宋代，豆腐作坊在各地如雨后春笋般开设出来。安徽的八公山豆腐、湖北的黄州豆腐、福建的上杭豆腐、河北正定府的豆腐脑、广西桂林腐竹、浙江绍兴腐乳等都是古代有名的豆腐制品。

中国是豆腐的"故乡"。提起中国的豆腐，日本人总是怀着敬佩的心情竭力赞扬。1963年，中国佛教协会代表团到日本奈良参加鉴真和尚逝世1200周年纪念活动，当时，日本许多从事豆制品业的头面人物也参加了。据说，他们之所以参加纪念活动，是为了感谢鉴真东渡时把豆腐的制法传入日本。

三、磨的文化内涵

　　磨结构简单轻巧，造型完整大方，使用灵便合理。它是民间能工巧匠集体智慧的结晶，凝聚了劳动人民的智慧与想象，闪耀着人性与自然的光芒，也是中国传统文化中重要的符号之一。和磨有关的谜语和歇后语不胜枚举。如谜语"石头层层不见山，道路弯弯走不完，雷声隆隆不下雨，大雪纷飞不觉寒"，谜底就是石磨。"驴子赶到磨道里——不转也得转""驴子拉磨——跑不出这个圈""拉磨的驴——瞎转"等都是人们熟知的歇后语。

　　磨在民间俗称"白虎"，即"白虎之神位"，在过春节时要张贴"白虎大吉"的对联字样。按照古代的"堪舆"原则，磨是西方白虎，碾是东方青龙，它们是神，应该对其尊重，安置时，左青龙右白虎，应把磨安放在院子西头才吉利。

　　正因为石磨与人们的生活息息相关，人们对它充满了感情，甚至把它当作神灵。人们一般都不会直接坐在石磨、碾子上面，传说只要有人坐在上面就会被"龙抓"。老人们这么一说，就没有人敢往上面爬，特别是对付小孩子特别管用。目前，被遗弃的石磨已成为收藏家珍藏的目标，民间石磨正走向博物馆和陈列室。

石磨的设计也符合中国传统文化道家所认为的天人合一的思想，既满足人民谋生的初衷，也满足人民乐生的需要。各族人民在石磨崇适尚用的功能性追求下赋予了它美的形式。从石磨的结构上看，上、下石扇共同围绕轴心运动，合阴阳之气，含天地之道。太极图内含于上、下石扇之间，两个石扇闭合运作，吞吐容纳万物，经过石扇来回反复的揉搓，咀嚼回旋，推陈出新，万物在这里获得新生。在磨齿间阴阳交错的瞬间，磨碎的食物或粉末或浆从磨齿中溢出，磨盘成了承载八方资源的载体。以涓涓细流而成滔滔之势，万物归一，经过磨盘的汇集而成为一统。天人合一的哲学观念不仅在石磨的形制上得到了体现，而且在器用上也表达了和合的哲学诉求。和合思想是各族人民长期生活经验的沉淀与共识。凡事以和（*和谐*）为贵，一切以合（*形意相投*）为好，前者为出发点，后者为归宿。推磨也是"推"与"添"必须配合与协调的活动。在旋转着的磨扇中，借着磨手转动的间隙添加食物，把握石磨旋转的快慢节奏，实现推者与添者的高度协调，需要双方密切的配合与合作。那是形意相投的沟通与默契，具有音乐般的节奏与旋律之美。

"磨尽千年沧桑事，寄予满腔忧患心。"在乡间，一盘大石磨就是一座安抚生命与灵魂的大教堂，一尊人类心底顶礼膜拜的佛像，需要我们用一生的时间去反刍。

第七章

收获农具——镰

一、镰的发展历程

镰是十分古老的收割农具。镰形器在旧石器时代末期就已经出现，在新石器时代就产生过石镰，当时黄河流域已经普遍种植粟，石镰是收割粟的农具。为增加石镰的切割能力，还特意把石镰的刃部加工成细密的锯齿状。通过对文物的考察，科学家们发现起初的镰刀是用动物的口部牙齿制作的，而正是这样的启发，才让后来的石镰带有了锯齿。

带锯齿的石镰

夏商西周时期在生产中使用的收获农具依然是石刀、陶刀和石镰、蚌镰，但在商周时期也出现

石镰（陕西甘泉龙山房屋遗址）

了青铜收获农具，如铚、艾等。铚就是青铜刀，艾就是青铜镰。江西省新干县大洋洲商代墓葬中出土的一批铜镰是目前已知的最古老的青铜收获农具。战国时期出现了铁铚和铁镰。河北省平山县、兴隆县以及河南省新郑市等地都有陶镰范的出土，可见当时铁镰的使用量已相当大。西汉以后，铜镰已基本消失。作为收割禾秸的铁镰，自汉代以后基本定型，直至明清时期依然如此，沿用至今变化不大。

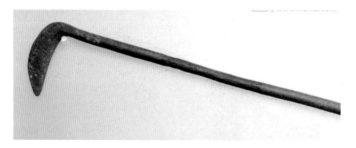

铁 镰

二、镰的功能

镰刀属于刀类，是十分古老的收割农具，主要功用是切割不太粗壮的植物茎秆。在采集经济和原始农业的初期，人们用双手来摘取野生谷物，之后逐渐使用石片、蚌壳等锐利器物来割取谷物穗茎，并逐渐把这些石片、蚌壳加工成有固定形状的石刀和蚌刀。这便是最早的收获农具。石刀、蚌刀之后，出现了石镰和蚌镰。石镰和蚌镰器身呈长条形，刃部加工成锯齿状，增加了收割的功效。

由于不同的作业需要，出现了几种特殊用途的镰刀。如汉代发明了一种专门用来收割禾草的钹镰。钹镰是种两边有刃的大镰刀，双手执握用以砍削禾秸。到宋元时期，又发明了推镰。《王祯农书·铚艾门》："推镰，敛禾刃也……形如偃月，用木柄，长可七尺。首作两股短叉，架以横木，约二尺许，两端各穿小轮圆转，中嵌镰，刃前向，仍左右加以斜杖，谓之蛾眉杖，以聚所劖（chán）之物。凡用则执柄就地推去，禾茎既断，上以蛾眉杖约之，乃回手左摊成缚，以离旧地，另作一行。子既不损，又速于刃刈数倍。"这种用木做成横架及长柄，并安上小轮进行收割的农具，与一般的镰刀相比工效提高好几倍，起到了减轻劳动强度的效果。

北魏贾思勰在《齐民要术》中两次提到镰刀，但说的不是用于收割农作物，而是用于田间除草。一条是说稻苗七八寸高时，原来已被消灭的杂草会再次生长起来，只要用镰刀在水面以下将它刈倒，草便会泡烂死掉。另外一条是说旱地割草，"苗长不能耘之者，以刨镰比地刈其草矣"。由此证明，镰刀除了用于收割，还有中耕除草的功用。

镰刀原属农具，在商代由农具演化成武术器械。当时爆发

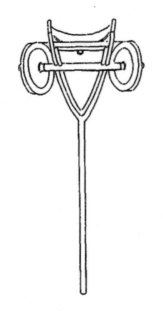

推镰形制图

战争的时候，百姓没有充足的武器，只有拿青铜镰绑在长杆上充当武器。在战争中，这样的组合居然发挥了很大的作用，虽然其在刺杀上有一定的阻力，却在挥砍中发挥出惊人的威力。而这样的做法，也是导致战国时期出现大量与镰刀相似的武器的直接原因。后期出现的钩镰枪、戈等武器，都是从镰刀演变而来的武器。到了清代，镰被定为制式兵器，其形状与镰刀相同（**其实就是长柄镰刀**）。镰的刀刃锋利，可钩割，刀尖可以啄击，是步兵迎战搏击的一种轻兵器。镰使用轻巧，不用专门训练就可使用，是历代农民起义军的常用兵器。此外钩镰刀也可以算是镰刀的改良，即武侠片中常见的护手钩，刀身长约 1 米，刀刃前尖锐而后斜阔，刃尖向后翘起，形成一定弧度。刀脊中间有一个锋利的钩镰，在实战中除砍劈外还可以钩。

三、中国传统文化中的镰刀

镰刀是农民勤劳和智慧的象征，在文人的笔下被赋予了特有的中国精神、中国味道。盛唐诗人王昌龄《题灞池二首》道："腰镰欲何之，东园刈秋韭。世事不复论，悲歌和樵叟。开门望长川，薄暮见渔者。借问白头翁，垂纶几年也？"王昌龄的这两首诗跟我们通常印象中的"黄河远上白云间"诗风有较大不同，这里的作者早已褪去了慷慨激昂的烟火气，变得有种说不出的淡泊。尤其是"开门望长川"诗，满篇看起来不着边际，寡淡无味。但是就是这种没有味道，反而像中国山水画，韵味都在空白处。李白《鲁东门观刈蒲》云："鲁国寒事早，初霜刈渚蒲。挥镰若转月，拂水生连珠。此草最可珍，何必贵龙须。织作玉床席，欣承清夜娱。罗衣能再拂，不畏素尘芜。"讲的是鲁国的秋天来得早，初霜时便开始割蒲。挥镰就好像转动弯月，掠过水面生起串串连珠。蒲草最可珍贵，何必看重那龙须草？织成草席铺上玉床，清静的夜晚躺在上面多么欢娱。罗衣能够再次拂扫，不必担心会蹭上尘土。这首诗生动形象地描写了鲁东门外农家深秋割蒲的劳动场景，以夸张的手法，赞美了蒲草的可贵与作用。刘蒲时"挥镰""拂水"的比喻，透露出诗人对农事劳作的喜爱，是丽句；"此草最可珍，何必贵龙须"则是警策之句，似在抨击上层贵族奢华放纵、穷奢极侈，表达出诗人对国家安危的忧虑和对民生疾苦的关怀。

北宋苏轼《山村五绝（其三）》云："老翁七十自腰镰，惭愧春山笋蕨甜。岂是闻韶解忘味，迩来三月食无盐。"描述了一个古稀老农由于青苗法等毁农政策，在丰收年景却三月无食，只得带着割麦的镰刀掘笋蕨以果腹。见到政府官员，本应愤然，但却为自己是个种田的反不得食而自惭。就是这一点自惭，将当时毁农政策的面目反衬得更加凶横。集中而尖锐地反映了北宋朝廷实行新法后对农村造成的巨大危害，显示了苏轼高度的写实精神和深沉的爱民之情。南宋范成大在《刈麦行》中吟道："梅花开时我种麦，桃李花飞麦丛碧。多病经旬不出门，东陂已作黄云色。腰镰刈熟趁晴归，明朝雨来麦沾泥。犁田待雨插晚稻，朝出移秧夜食麨（chǎo）。"描述收割粮食要趁早，农谚有"割麦如救火"之说。若稍迟慢，一值阴雨，即为灾伤；迁延过时，秋苗亦误锄治。由于收获的应急性，不仅关系到一年忙碌的成功与否，而且延误了时间还会影响到下一季的耕种，因此才会有如此盛大的忙碌场面。陆游《屡雪二麦可望喜而作歌》也说："腰镰丁壮倾闾里，拾穗儿童动千百。……大妇下机废晨织，小姑佐庖忘晚妆。"虽然是作者在诗歌中的想象，但是一下子就带领读者走进收获的农田里那忙碌的场面。

毛泽东同志也曾把"镰刀"写进词作。1927年他写过一首《西江月·秋收起义》："军叫工农革命，旗号镰刀斧头。匡庐一带不停留，要向潇湘直进。地主重重压迫，农民个个同仇。秋收时节暮云愁，霹雳一声暴动。"上阕写秋收起义队伍的组成和暴动计划的进攻方向。"军叫工农革命，旗号镰刀斧头"，语言近乎白话，开宗明义地点出军名、旗名，而秋收起义的历史地位正源于此。"军叫工农革命"，而不叫"国民革命"，秋收起义部队破天荒地使用了"工农革命军"的番号，工农阶级从此有了由自己的兄弟组成、真正为老百姓打天下的子弟兵！起义军军旗图样：底色是象征革命的红色；旗中央是代表中国共产党的黄灿灿的五角星；星内镶着镰刀和斧头，代表农民和工人；旗幅左边白色布条上写着"工农革命军第一军第一师"。整个旗帜的含义是：中国共产党领导下的工农革命武装。下阕着重写秋收起义爆发的原因、强大声势与深远影响。"地主重重压迫，农民个个同仇"，地主阶级的残酷剥削和压迫，迫使广大农民同仇敌忾，奋起反抗。"重重"形容地主阶级各方面压迫的繁重，"个个"突出了农民群众齐心反抗的势力之强。"同仇"典出《诗经·秦风·无衣》："修我戈矛，与子同仇。"随着阶级矛盾的激化和共产党人的引导，农民群众不断觉醒，武装暴动一触即发，箭在弦上。《西江月·秋收起义》只有短短的 50 个字，却真实地再现了秋收起义的历史，深刻地揭示了农民暴动的根源，表达了对革命战争的无限赞美之情，具有独特的诗史价值。

第八章

运输农具——独轮车

一、车的发明与独轮车的出现

中国是世界上最早发明和使用车的国家之一，相传黄帝时已知做车。但由于车是一种形制较为复杂的交通工具，它的发明，绝不是一人所为，也不是一日之功。在车被发明之前，必然有一段漫长的过程。《淮南子·说山训》就泛说"圣人见飞蓬转而知为车"，《续汉书·舆服志》也说"上古圣人，见转蓬始知为轮"。总之，车的问世，标志着古代交通工具的发展进入了一个新的里程。

《史记》载大禹治水时，"陆行乘车"。相传夏代还设有"车正"之职，专司车旅交通、车辆制造，可以推测车在夏代已相当普遍。目前我们所能见到的最早的车的形象和实物均属商代。考古学家认为至商代，我国古代造车技术已相当成熟。

西周、春秋战国时期的车实物在考古中也多有发现，如河南陕县上村岭虢（guó）国墓地出土了春秋的车，基本沿用商代车的形制。西周至春秋战国时期的车主要为独辀（zhōu）车（**即独辕车**），一般以四匹马驾车，因此，周人多以"驷"为单位计数马匹，又因先秦时经常车马连言，说到车即包括马，说到马也意味着有车，所以"驷"也是计数车辆的单位。

汉代，独辀车衰落下来，双辕车逐渐兴盛。汉武帝以前，独辀车尚与双辕车并存，及至西汉中晚期，双辕车开始逐渐普及，东汉以后便基本上取代了独辀车。双辕车的结构，除辕变为两根外，其他各部位与独辀车基本相同。双辕车的出现，改变了独辀车至少系驾二马方能行走的局限，使单马拉车成为可能，从而使我国古代的车由驷马高车进入了单马轻车的发展新阶段。

汉代的车总的说来可以分为小车（**马车**）、大车（**牛车**）和手推车三类。小车就是马拉的车。牛车产生的历史久远，因牛能负重但速度慢，所以牛车多用以载物。汉代牛车采用直辕形式，支点较低，在平

河南陕县虢国墓车马坑

汉车马出行图（江苏徐州汉画像石）

四川成都扬子山出土汉陶马车（《全国基建工程中出土文物展览图录》）

地上行车时远比曲辕的马车平稳安全。

汉以后，人们坐车不求快速，但求安稳，于是直辕的优点渐渐显出，直辕车开始盛行，而曲辕车渐渐被淘汰。无论是乘人的马车还是载物的牛车，皆须在较宽敞的道路上行驶，而不适于在乡村田野、崎岖小路和丘陵起伏地区使用。因此在西汉末东汉初，一种手推的独轮车开始出现。（**参见刘仙洲《我国独轮车的创始时期应上推到西汉晚年》**）

山东嘉祥汉武梁祠的"董永故事"画像石中的独轮车

四川汉画像石《沽酒图》中的独轮车

　　独轮车有两种形式：一种是平面的，装货或者坐人都可以；一种是在中间装有立架，车的两边载物或者坐人。有的地方，中间的立架又略有不同，扁平而略宽，车前端可坐人，两边能载货，立架上边还可放物。更有的在周围安上挡板，挡板的安法视用途不同而有别。如用作推粪土的，那就在左右两边和后边安装；如专门用作载物运输，则以怎样方便为宜。独轮车的原动力主要是人力，可由一个人在后面用手推动，也可一人拉一人推，在平原或道路略好的地方，还有用驴在前边拉的。有了这种车，与人力担挑、畜力驮

四川渠县蒲家湾汉代石阙中的独轮车

载相比，运输能力可以增加好几倍。独轮车的结构和使用的动力决定了它的特点是灵巧方便、用途广泛。无论是在平原还是在山区，无论是载人还是运货，都可以使用。东汉应劭在《风俗通》中说："鹿车窄小，裁（才）容一鹿也。"说的就是独轮车。至于"独轮车"之名，要到北宋时才在沈括写的《梦溪笔谈》一书中出现。

明末清初著名科学家宋应星在《天工开物·舟车》中描绘并记述了南北方独轮车之驾法：北方独轮车，人推其后，驴曳其前；南方独轮车，仅凭一人之力而推之。清时，又出现挂帆的独轮车，巧妙地利用风力

《清明上河图》中的独轮车

以节省人力，显示出劳动人民的聪明智慧。李约瑟在《中国科学技术史》一书中，曾引用荷兰商人范巴澜在 1797 年访华后的亲身经验与好评："这个国家的人运货是用独轮车，载人载货都适用。如果货物超重时，可能会由两个人来操作，一前一后、一拉一推。位于车子中央的大车轮承载了全部的货物重量，车子的操作者只要控制方向、保持两侧平衡即可。"

二、中国传统文化中的独轮车

独轮车自汉代出现后，因为其实用便捷，在社会中被广泛应用，在中国传统文化中留下了深刻的印迹。古代诗文中对独轮车的描述很多，《后汉书·鲍宣妻传》载："渤海鲍宣妻者，桓氏之女也，字少君。宣尝就少君父学，父奇其清苦，故以女妻之，装送资贿甚盛。宣不悦，谓妻曰：'少君生富骄，习美饰，而吾实贫贱，不敢当礼。'妻曰：'大人以先生修德守约，故使贱妾侍执巾栉。既奉承君子，唯命是从。'宣笑曰：'能如是，是吾志也。'妻乃悉归侍御服饰，更著短布裳，与宣共挽鹿车归乡里。拜姑礼毕，提瓮出汲。修行妇道，乡邦称之。"鲍宣的妻子少君甘愿随夫受苦，退回了父亲赠送的丰厚嫁妆。夫妻二人志同道合，少君在家安心相夫教子的故事在中国流传久远，影响深广。"鹿车共挽"用来形容夫妻同心、安贫乐道，成为文人气节的象征。

宋代诗人中使用"鹿车"这一典故最多的是陆游。

他在《归老》中说："归老何妨驾鹿车，平生风雪惯骑驴。鬓毛白尽犹耽酒，目力衰来转爱书。止足极知于道近，痴顽更喜与人疏。著身莫怪无闲处，地肺天台尽有余。"在《寄赵昌甫》中云："杳杳双鹊鸣庭除，东阳吏传昌甫书。纸穷乃复得杰作，字字如刮造化炉。尔来此道苦寂寞，千里一士如邻居。小儿得禄在傍邑，我贫初办一鹿车。过门剥啄亦奇事，拜起幸未须人扶。君看幼安气如虎，一病遽已归荒墟。吾曹虽健固难恃，相觅宁待折简呼。余寒更祝勤自爱，时寄新诗来起予。"《病后衰甚非篮舆不能出门感叹有赋》："酒兴诗情尚自如，形骸可怪顿成疏。平生只倚双凫舃（xì），此日常须一鹿车。"诗人一生困顿颠沛，志业不能得伸，在诗作中无时不流露出逃离现实纷争、渴望归隐安居的愿望。

宋人陈与义《游岘（xiàn）山次韵三首》："高人买山隐，百万犹恨少。客儿最省事，有屐一生了。东庄良不遥，十里望缥缈。萦纡（yū）并麦垄，翠浪四山绕。先生滞鹿车，去程通凤沼。暂来山泉上，思与飞云杳。云北接云南，一径绝纷扰。竹林怀风雨，目断极窈窈。从来无世尘，相对真不挠。龙儿争地出，头角已表表。先生嘱支郎，勿使斤斧夭。终当乞一杖，险路扶吾老。"详细描述了归隐山居后的恬淡生活，青山环绕，麦浪滚滚，竹林风雨，纷扰断绝，表现了诗人内心的向往与追求。

　　独轮车在中国传统文化中另一广泛的影响来自西晋史学家陈寿所著《三国志》。《三国志·后主传》载："（建兴）九年春二月，亮复出军围祁山，始以木牛运。魏司马懿、张郃救祁山。夏六月，亮粮尽退军，郃追至青封，与亮交战，被箭死。秋八月，都护李严废徙梓潼郡。十年，亮休士劝农于黄沙，作流马木牛毕，教兵讲武。……十二年春二月，亮由斜谷出，始以流马运。"记载了诸葛亮在围困祁山时以木牛运送军粮，后因魏兵来救，粮尽兵退，但敌军将领张郃被箭射死。第二年，诸葛亮在黄沙休整军队，发展生产，木牛流马制造完毕后，士兵即开始集中训练、讲授军事。后来诸葛亮再次出兵时，以流马来运送军粮。宋代高承《事物纪原·小车》："蜀相诸葛亮之出征，始造木牛、流马以运饷，盖巴蜀道阻，便于登陟故耳。木牛即今小车之有前辕者，流马即今独推者。"北宋陈师道《后山集》："蜀中有小车，独推，载八石，前如牛头。又有大车，用四人推，载十石。盖木牛流马也。"这些记载均可验证诸葛亮与"木牛流马"的关系。后人对"木牛流马"展开诸多研究，如《魏晋南北朝科技史之手工业技术》对"木牛流马"的概述认为"自宋代至今，其中比较流行的观点认为它是适应于蜀道运输的一种独轮车"，是对独轮车的改进。清华大学李迪、冯立升《对木牛流马的探讨》一文也基本持此观点。

后世文人常将"木牛流马"及"八阵图"视为诸葛亮智慧的象征，成为一种文化符号。（**参见梁中效《诸葛亮的木牛流马文化——立足于唐宋诗词的考察》**）如唐代章孝标《诸葛武侯庙》："木牛零落阵图残，山姥烧钱古柏寒。七纵七擒何处在，茅花枥叶盖神坛。"南宋张表臣《八阵图》："八阵功成妙用藏，木牛流马法俱亡。后来识得常山势，纵有桓温恐未详。"南宋王刚中《滩石八阵图行》："我生孔明后，相望九百载。我想孔明贤，巍然伊吕配。奇谋勇略夸雄师，大节英风盖当代。木牛流马何足言，八阵遗踪千古在。我行已度瞿唐门，长滩石垒差参分。"诗人们高度肯定诸葛亮的丰功伟绩和高风亮节，将"木牛流马"及"八阵图"视为其智慧的结晶。

再次，在后世看来，尤其是两宋时期，国家羸弱，国土流失，南宋时北方故国被强占，复土无望，"木牛流马"就不仅仅是诸葛亮杰出智慧的体现，士人们从"木牛流马"的文化象征和文化意象进行解读，将其作为诸葛亮坚守信念、统一天下的文化符号，"木牛流马"被赋予了另外一层更为深远的意义。南宋张镃（zī）《杂兴》："堂陛分古始，高卑定常仪。拳拳三顾频，未敢臣其师。至福价婆娑，尘面谁复窥。有人果善酬，何苦不售为。木牛流马机，小智那足奇。甄别兰与艾，忠诚真弗欺。功大天实啬，滞迹乌能知。臣主施报恩，足为万世规。"这里诗人说"木牛流马机，小智那足奇"，就是说"木牛流马"仅是小智慧，终身报答三顾之恩、北伐曹魏才是诸葛亮的大智慧。

宋人臧鲁子《满庭芳》："瀼露零空，好风光袂，月华飞入舠筹。青莲碧藕，芡实与鸡头。笑傲纶巾羽扇，有如此、人物风流。西湖上，不妨游戏，民富自封侯。骈蕃。新宠渥，叶华延阁，领事园丘。看木牛流马，恢复神州。万里凉霄浩渺，使星共、南极光浮。从今好，一秋长醉，直醉过千秋。"这里的"看木牛流马，恢复神州"，使木牛流马具有了北伐中原的精神载体和统一天下的文化象征意义。宋代诗人常将"木牛流马"与收复中原的战略大计相联系。陆游的《岁暮感怀以余年谅无几休日怆已迫为韵》云："王帅宿梁益，行台护诸将；腐儒忝辟书，万里至渭上。旌旗照关路，风雪暗戎帐，堂堂铁马阵，亹（wěi）亹木牛饷。谁知骨相薄，空负心胆壮！回首二十年，抚事增悲怆。"陆游生命历程中最自豪、最快乐的时光，就是"从戎南郑"，像诸葛亮那样"万里至渭上"，抗击金兵，收复中原。

结　语

农具是中国物质文化的重要构成部分，其鲜明的中国特色是古人集体智慧的结晶，也是历史的见证者。农具的发展从一个侧面折射出中华文明的伟大历史，折射出中华儿女历来所具有的勤劳、勇敢、聪明、智慧、勇于创造、善于创新的伟大品质和优良传统。数千年以来，中国古老的农具就在这片广袤的土地上，为农业的发展创造了一个又一个奇迹，为养活一代又一代的华夏子孙立下了不朽的功勋，成为中国光辉历史不可分割的组成部分，成为中国灿烂文化的重要内容之一。

　　诗以育人，农为邦本。中国传统文化中的咏农具诗用真实的笔触勾勒出一个真实的历史，用质朴的言语赞美了一个伟大的民族，让我们延续中国农民勤劳勇敢、自强不息的精神，凭借自己的智慧和双手，创造新的奇迹。

　　我国地域广阔，民族众多，农业历史悠久，农具丰富多彩。历朝历代农具都不断得到创新、改造，为人类文明进步做出了贡献。各类农具是人类文明进程中的化石，是文明时代的重要产物，拉扯着我们走进历史，领略五千年中华农耕文化的质朴、厚重与博大精深。